学者的初心与使命

学术研究与论文写作中的
"数学化""模型化"反思

李志军　尚增健　主编

经济管理出版社
ECONOMY & MANAGEMENT PUBLISHING HOUSE

图书在版编目（CIP）数据

学者的初心与使命：学术研究与论文写作中的"数学化""模型化"反思/李志军，尚增健主编．—北京：经济管理出版社，2020.9

ISBN 978 - 7 - 5096 - 7393 - 5

Ⅰ.①学… Ⅱ.①李…②尚… Ⅲ.①学术研究—写作—研究 Ⅳ.①H052

中国版本图书馆 CIP 数据核字（2020）第 153580 号

组稿编辑：杨世伟
责任编辑：陈　力　梁植睿
责任印制：黄章平
责任校对：陈晓霞

出版发行：经济管理出版社
　　　　　（北京市海淀区北蜂窝 8 号中雅大厦 A 座 11 层　100038）
网　　址：www. E - mp. com. cn
电　　话：（010）51915602
印　　刷：北京玺诚印务有限公司
经　　销：新华书店
开　　本：720mm×1000mm/16
印　　张：19
字　　数：256 千字
版　　次：2020 年 9 月第 1 版　　2020 年 9 月第 1 次印刷
书　　号：ISBN 978 - 7 - 5096 - 7393 - 5
定　　价：88.00 元

编者的话

2020 年 3 月 25 日，《管理世界》2020 年第 4 期刊发的"编者按"——《亟需纠正学术研究和论文写作中的"数学化""模型化"等不良倾向》，见诸报刊和网络媒体，在学术界引起热议和反响。这是我们没有预料到的事情。

实际上，有关学术研究和论文写作中过度使用数学和模型问题的讨论由来已久。近年来，国内外一些学者从不同的角度，发表过一些很好的意见和观点。

这个问题的实质，涉及做研究、写论文的动机和根本目的，抑或学者的初心和使命。这是一个具有本源性质和意义的问题。

基于对以上问题的认识和思考，我们把有关文章收集整理、汇编成册，以方便读者参考和阅读。感谢各位作者应允和支持！

在本书的编辑出版过程中，得到了有关领导、同事和朋友的关心、支持和帮助，张世国同志做了大量艰苦细致的工作，责任编辑陈力、梁植睿同志为本书的编辑出版付出了心血和汗水。谨此一并表示衷心感谢！

目　录

第一部分　学者的初心与使命

学者的初心与使命　　　　　　　　　　　　李志军　3

亟需纠正学术研究和论文写作中的"数学化"

　　"模型化"等不良倾向　　　　　李志军　尚增健　7

标志性学术成果的质量评价　李志军　尚增健　张世国　11

重视发挥学术期刊对学术研究的引领作用　　尚增健　15

第二部分　研究中国问题　讲好中国故事

如何讲好中国故事？　　　　　　　刘　军　朱　征　23

模型与思想的博弈与互补　　　　　刘　超　刘　军　31

把研究的根扎在实践中　　　　　　刘　军　朱　征　42

在实践中检验管理理论的真理性　　　　　　杜运周　51

坚定中国企业实践研究的学术自信　陈春花　马胜辉　59

做实践者看得懂的管理研究　　　　陈春花　朱　丽　69

1

管理本土研究的基准点与范式　　　　　　　吕　力　77

阴阳平衡与跨界研究　　　　　　李　平　杨政银　86

将思想种子发展成理论之树　　　　　　　贾良定　96

案例研究文章槽点及思考　　　　　　　　李　彬　108

让"扎根精神"扎根在管理学者心中　　　贾旭东　115

弥合管理理论与实践的脱节：思考与探索

　　　　　　　　　　　　　　谢　康　肖静华　126

企业需要什么样的管理研究？　　　　　　宋志平　131

发展管理理论，完善管理研究　　　　　　王建宙　136

管理学者的道德责任

　　——理论与实践的一致性　　卫　武　陈正熙　142

做"无价"的科学研究　　　　　　　　　黄　旭　151

面向实践的管理学研究转型　　　　　　　白长虹　158

《管理世界》倡导"讲好中国故事"、反对学术

　　研究"滥用数学"引爆学术圈　　　　布衣学术　163

经济学、管理学顶级期刊同时发出什么样的强烈信号？

　　　　　　　　　　　　　　　　　　中　建　167

沉迷数学让中国经济学失去思想　　　　　周　文　172

警惕高校的 SSCI 综合征　　　　　　　刘爱生　175

第三部分　"数学化""模型化"反思

经济学研究中"数学滥用"现象及反思

　　　　　　　　　　　　　　陆　蓉　邓鸣茂　183

目 录

中国经济学研究现实的反思　　　　　　　　　李金华　212

经济学的现代主义贫困

　　——经济学数学化的哲学思考　　　　　　刘树君　225

经济学应该"数学化"吗?　　　　　　　　　尹世杰　234

当代经济学研究方法过度数学化的

　　反思与纠偏　　　　　　　　　石华军　楚尔鸣　246

经济学研究数学化趋势的哲学思考　　　　　　张　真　260

经济学数学化的发展综述

　　——一个方法论视角　　　　　　王玉霞　罗晰文　271

反思经济学的数学化　　　　　　　　　　　　杨　民　285

第一部分

学者的初心与使命

学者的初心与使命

李志军

开展"不忘初心、牢记使命"主题教育，使我想到了学者，想到了学者的初心与使命。

一、 关于学者

一般地讲，学者是指那些具有较高学问、知识渊博、能在相关领域表达思想、提出见解、引领社会进步的人，包括经济学家、管理学家、思想家、哲学家、文学家、史学家等各领域专家。

在现实社会中，我们见到的学者大多是教授、研究员，其中一些人还担任了校长、院长、所长、主任、馆长等领导职务。但是，拥有这样头衔的人，并不一定都是学者。

因为，真正的学者是"那些清醒地意识到自身的使命、接受时代教养、训练有素、为真理与道义负责的人"，是能够"自觉到学者的使命，真诚、高贵、智慧"并且"知识上深刻博大、道德上纯洁勇敢的人"。①

古往今来，学者的含义大致包括两个方面：

第一，做学问、求学问的人。学者以学术为业，探求知识，以此来推动社会进步。学者的一生追求真理，求真知。"究天人之际，通古

---

① 盛嘉．（2012）．学者的使命．厦门：厦门大学出版社：1，3，6．

今之变，成一家之言"，可谓是道尽了千古学者的人生目标和学术理想。宋代吴曾《能改斋漫录·记事一》："荥阳吕公教学者读书，须要字字分明。"清代姚衡《寒秀草堂笔记》卷三："学者当知所尚，不可视两刻为寻常而忽之耳。"

第二，有较高学问、知识渊博的人。学者在某个领域有较高的学问，知识渊博，取得了较大成就，能够独立表达思想和见解。《旧五代史·晋书·史匡翰传》："尤好《春秋左氏传》，每视政之暇，延学者讲说，躬自执卷受业焉。"清代李渔《比目鱼·赠行》："昨日在几案之上，又见他几首新诗，竟是一个大文人真学者。"鲁迅《而已集·读书杂谈》："研究文章的历史或理论的，是文学家，是学者。"例如，陈寅恪、厉麟似、王国维、钱钟书等，以及郭沫若、季羡林、饶宗颐等都是著名学者。

概括起来讲，学者具有四个方面的特质：①具有强烈的社会责任感和使命感；②对探究知识和学问充满激情；③关注人类社会发展的重大问题；④独立思考且具有批判精神。

二、 学者的初心

初心，初衷、初志之意，是指做某件事情最初的愿望、最初的原因。

初心，又称"初发心"，来源于《华严经》。初心是菩萨修行的开始，觉悟成佛是菩萨修行的结果，初心与正果是密不可分的。华严宗四祖澄观《华严经疏》解释说："初心为始，正觉为终。"《大方等大集经》也讲菩萨"心始心终"，所谓"心始"即初发心。

"不忘初心"一词，目前已知最早出自唐代白居易《画弥勒上生帧记》："所以表不忘初心，而必果本愿也。"意思是说，时时不忘记最初的发心，最终一定能实现其本来的愿望。①

---

① 纪华传．（2016）．不忘初心　方得始终．光明日报，09－27（02）．

"不忘初心，方得始终"，是《华严经》中的名句，意思是只有坚守本心信条，才能德行圆满。

那么，学者的初心是什么？

我们认为，学者的初心应该是致力于追求学识、学问，求真知，通过自己的勤奋和努力，在学术上取得成就，成为某个领域有造诣、有影响的人物；致力于为社会发展服务，为推动社会进步做出贡献。

当今社会，有些学者忘掉了"初心"，或者其言行背离了"初心"。这是很令人遗憾的事情。

三、 学者的使命

使命，是指出使的人所领受的任务或应负的责任。大致有四种含义：①命令、差遣；②应尽任务、应尽责任；③使者所奉的命令；④奉命出使的人。

学者，是有使命的。德国近代哲人费希特说过，学者的使命是："高度注视人类一般的实际发展进程，并经常促进这种发展进程。"[①]"学者的使命主要是为社会服务，他比任何一个阶层都更能真正通过社会而存在，为社会而存在。因此，学者特别担负着这样一个职责：优先地、充分地发展他本身的社会才能、敏感性和传授技能。……因为他掌握知识不是为自己，而是为了社会。"[②]

我们认为，在当今中国，学者的使命可以归结为两个方面：

第一，研究探索事物的本质和规律，提出自己的思想和独立见解。

学问之道，在学，在问。学者要研究中国问题、讲好中国故事。从我国改革发展的实践中挖掘新材料、发现新问题、提出新观点、构

---

① ［德］费希特．（1984）．论学者的使命 人的使命（梁志学，沈真译）．北京：商务印书馆：40.

② ［德］费希特．（1984）．论学者的使命 人的使命（梁志学，沈真译）．北京：商务印书馆：42.

建新理论。要把论文写在祖国大地上，着力提出主体性、原创性的理论观点，提炼出有学理的新理论。

要开展负责任的学术研究。学术研究的目的不是自娱自乐，而是要有社会责任感和时代感，要为国家经济社会发展服务。

学术研究要以问题为导向，而不是以技术为导向。要做有思想的学术，有学术的思想。

要有"板凳要坐十年冷，文章不写一句空"的执着坚守，耐得住寂寞，经得起诱惑，守得住底线，立志做大学问、做真学问。

要把社会责任放在首位，严肃对待学术研究的社会效果，自觉践行社会主义核心价值观，做真善美的追求者和传播者，以深厚的学识修养赢得尊重，以高尚的人格魅力引领风气，在为祖国、为人民立德立言中成就自我、实现价值。

第二，弘扬科学精神和良好的学风，成为时代的道德模范。

学者是一个光荣而庄严的称号。费希特说过："学者应当成为他的时代道德最好的人，他应当代表他的时代可能达到的道德发展的最高水平。"① 学者应当成为时代的道德楷模，既要有社会责任感和使命感，又要有躬行践履的实践精神，他不仅是他所处时代而且也是万世之道德楷模。

学者应当恪守自己的本分。要有独立思考能力和批判精神，绝不人云亦云。知之为知之，不知为不知。

要弘扬优良学风，推动形成崇尚精品、严谨治学、注重诚信、讲求责任的优良学风，营造风清气正、互学互鉴、积极向上的学术生态。

要树立良好学术道德，自觉遵守学术规范，讲究博学、审问、慎思、明辨、笃行，崇尚"士以弘道"的价值追求，真正把做人、做事、做学问统一起来。

（2020 年 5 月）

---

① ［德］费希特．（1984）．论学者的使命　人的使命（梁志学，沈真译）．北京：商务印书馆：45.

亟需纠正学术研究和论文写作中的"数学化""模型化"等不良倾向

李志军　尚增健

一百多年来,数学在经济学管理学研究中得到了广泛的应用,为推动学术研究和科学决策发挥了积极作用。改革开放40多年来,我国学术界在经济学管理学研究中不断引入各种数学方法,把定性研究与定量研究结合起来,这是一个很大进步。

但是,近年来,我国学术界出现了不分情况、不分场合地使用数学方法和模型的现象,甚至出现了过度"数学化""模型化"等不良倾向,实在让人担忧。有的期刊全然走样,刊发的文章读者看不懂、看不明白;有的论文一味追求数学模型的严格和准确,忽视了新的思想、观点和见解;有的学者炫耀数学技巧、追求复杂甚至冗余的数学模型;有的学者沉迷于数学游戏,忽视了对问题本身的深入思考,其结果是使简单的问题复杂化,用"众所不知"的语言去讲述众所周知的道理;更有甚者,在运用数学方法和模型时,还存在故意更改实证结果的现象。

身处当今学术界这样一个大的环境,讲究国内国际接轨,作为经济学管理学领域的一本具有较大影响力和号召力的学术期刊,《管理世界》面临着一个尴尬的处境。既要适应国际国内学术界的大潮和趋势,又要坚持自己的特色和办刊理念,在一定程度上来说,这是很矛盾的,也是很难两全的事情。

　　我们一贯反对滥用数学方法和模型。经济学管理学研究中完全可以根据需要，使用必要的数学方法和模型，但我们坚决反对学术研究和论文写作中的过度"数学化""模型化"等不良倾向。这几年，我们在推进研究方法多样化、研究范式规范化方面做了一些探索和努力。我们的一些约稿文章和智库研究报告，完全是用文字或辅以简单的图表表达学术思想和观点，学术水平很高。2017 年第 11 期我们组织刊发了《经济学研究中"数学滥用"现象及反思》（陆蓉、邓鸣茂）一文；2019 年就经济学的域观范式、中国经济学派问题，为金碚、黄有光两位教授提供交流与争鸣的平台，在学术界引起广泛思考和共鸣。

　　我们倡导"研究中国问题、讲好中国故事"。我们与中国人民大学商学院合办"中国企业管理案例与质性研究论坛"已经 13 年，发掘中国企业管理的优秀案例，构建有中国特色的企业管理理论，评出的优秀论文在本刊发表。2019 年，我们开设"管理科学与工程"栏目，组织刊发了《构建中国特色重大工程管理理论体系与话语体系》（盛昭瀚等）、《冲破迷雾——揭开中国高铁技术进步之源》（路风）等系列文章，讲述中国重大工程管理的故事，完全不用数学模型，《新华文摘》予以关注并在纸质版和网络版全文转载了其中一些文章，在学术界引起很大反响。

　　在此，我们重申《管理世界》的办刊理念和主张，并提出一些倡议，以期与学术界、期刊界等社会各界朋友共勉。

　　（1）倡导研究中国问题、讲好中国故事。从我国改革发展的实践中挖掘新材料、发现新问题、提出新观点、构建新理论。把论文写在祖国大地上，着力提出主体性、原创性的理论观点，提炼出有学理的新理论。

　　（2）倡导立足中国实践，借鉴国外经验，面向未来，着力构建有中国特色、中国风格、中国气派的学科体系、学术体系、话语体系，反对照抄照搬外国模式。坚定学术自信，反对崇洋媚外。

　　（3）倡导负责任的学术研究。学术研究的目的不是自娱自乐，要有社会责任感和时代感，要为国家经济社会发展服务。研究方法要科学，数据要可靠，研究结果可重复、经得起检验。

（4）倡导研究范式规范化，研究方法多样化。根据所研究问题的实际需要，实事求是地使用数学方法，不盲目崇拜数学模型。学术研究以问题为导向，而不是以技术为导向，数学方法只是工具和手段，不是目的。文章是用来表达思想和观点的，不是玩数学游戏的。要做有思想的学术，有学术的思想。

（5）倡导科研诚信，抵制学术不端行为。要树立良好的学术道德，自觉遵守学术伦理规范，把做人、做事、做学问统一起来。严格论文查重。打击各种学术不端行为，对科研不端行为零容忍。警惕并抵制"买版面""找枪手"等不良现象。

（6）倡导推行代表作评价制度，注重标志性成果的质量、贡献和影响。在学校评估、学科评估、各种人才计划、奖励评选、项目评审、职称评审过程中摒弃"唯论文"现象，反对片面追求论文数量。

（7）倡导写文章要深入浅出，坚持简单性原则，把复杂问题简单化，反对把简单问题复杂化，把明白的东西神秘化。文章是让别人看的，要让读者看懂、看明白，反对卖弄博学、故作高深。不要老想着"我多么高明"，而是要采取与读者处于完全平等地位的态度。

（8）倡导好文章发表在中文期刊上。鼓励高质量的学术论文优先在国内发表，在职称评定、各类人才计划和奖励评选中，建议以在国内发表的论文作为代表作。反对一味追求在国外期刊发文章，给外国人交版面费、壮大外国期刊的做法。

（9）倡导培育世界一流的社会科学类期刊，提升我国社会科学学术期刊国际影响力和话语权。破除社会科学评价中对 SCI、SSCI 等期刊评价体系的盲目崇拜，合理规范高等院校、科研院所的 SCI、SSCI 期刊等级划分标准和 SCI、SSCI 论文相关指标的使用，不直接以 SCI、SSCI 论文的相关指标作为判断的关键或唯一依据。

（10）倡导发挥学术期刊的引领作用。对我国经济学管理学研究进行选题引领、研究范式引领。坚持以原创性、思想性、科学性为选稿标准，破除"重模型、轻思想""重技术、轻问题""重国外、轻国内"等不良倾向。

2020 年是《管理世界》创刊 35 周年。我们将一如既往，不忘初心，牢记使命，继续开拓进取，全心全意为广大作者和读者服务，不断提高办刊质量和水平，努力打造一流学术期刊，为构建有中国特色、中国风格、中国气派的学科体系、学术体系、话语体系贡献一份力量！

（本文是《管理世界》2020 年第 4 期刊发的"编者按"，原文发表于 2020 年 3 月 25 日的《中国社会科学报》。）

标志性学术成果的质量评价

李志军　尚增健　张世国

对于学术研究工作，坚持学术成果的创新性和科学价值，坚持原创性、高质量学术论文的考核标准，强化代表作同行评议的规范程序，杜绝出现以论文数量"论英雄"和"以刊评文"的现象。对于政策研究工作，一般不以学术论文作为考核标准，重在针对经济社会发展需求，提出可操作、管用的政策建议。

注重学术期刊梯队建设，鼓励创办英文期刊、宣传中国特色社会科学研究成果；建立中国社会科学学术期刊评价体系，构建中国特色的"社会科学引文索引"系统。积极倡导研究中国问题、讲好中国故事，进一步提升我国社会科学学术期刊影响力和国际话语权。

在哲学社会科学领域的人才评价、课题立项、学位评定、经费分配、高校排名、学科评估等学术评价过程中，如何充分考虑标志性成果的质量、贡献和影响，对于维护良好的学术生态具有重要意义。在此，我们提出以下几点建议。

一、 完善社会科学评价制度

首先，要坚持社会科学研究成果分类考核评价导向。建立关于社会科学不同类型科研工作的评价标准。对于学术研究工作，坚持学术成果的创新性和科学价值，坚持原创性、高质量学术论文的考核标准，强化代表作同行评议的规范程序，杜绝出现以论文数量"论英雄"和"以刊评文"的现象。对于政策研究工作，一般不以学术论文作为考核标准，重在针对经济社会发展需求，提出可操作、管用的政策建议。

其次，建立健全社会科学科研项目分类管理制度。要坚持各类社会科学研究项目评审公开公平公正原则，明确各类社会科学研究项目目标，整体提升科研项目管理效率。针对国家级基础性、研究型科研项目类课题，突出项目研究的创新水平和科学价值，实施严格的学术论文管理制度。针对社会公益类、应用类项目，注重研究成果支撑和服务经济社会发展的作用和效果，不以论文作为考核指标。

最后，要完善学校评估、学科评估、项目评审、职称评审等评价体系。具体而言，应强化高校学科评估、职称评审代表性成果考核制度，各单位学术委员会本着"少而精"的原则评定高质量论文发表范围，规范高质量学术成果考核标准。此外，还应注重社会科学研究成果思想性、学术论文的创新水平和科学价值，包括标志性成果的质量、学术贡献和社会影响，不允许将论文发表数量与学科评估、学校评估直接挂钩。

二、 强化社会科学领域学术监督与管理

首先，要加大破除社会科学评价中"唯论文"力度。加强各高等院校、科研院所破除社会科学评价中"唯论文"导向措施落实情况的监督检查，摒弃"唯论文"考核方式。对于在学校评估、学科评估、项目评审、职称评审过程中存在的"唯论文"现象，及时予以纠正。

其次，加快社会科学领域科研诚信体系建设。要落实科研诚信建设的主体责任，完善科研诚信管理制度，将科研诚信建设要求落实到项目指南、立项评审、过程管理、结题验收和监督评估等研究计划管理的全过程。应落实科研活动的主体责任，注重评价学术道德水平。坚决打击各种学术不端行为，对科研不端行为零容忍，杜绝"买版面"

"找枪手"等现象的发生。加强对科研人员的科研诚信教育，引导树立正确的科研价值观，提高科研人员的职业素养和学术道德。

最后，完善与论文发表相关的支出管理制度。严格控制国家级基金项目对论文发表的资助范围。应鼓励发表高质量学术论文，对于发表的高质量论文，给予一定项目资金支持。对于发表在学术期刊"黑名单"上的论文，严禁对相关论文发表给予支持。严格控制各类科研项目的资助标准，对于能够资助高质量论文发表的支出，控制单篇论文奖励金额。

三、　重视发挥学术期刊的作用

首先，完善社会科学学术期刊评价体系。坚持社会科学学术期刊政治性和学术性的双重属性，坚守意识形态阵地、引领学术思想、推动学术研究的使命。建立科学、客观、合理的学术期刊评价体系，坚持"政治方向""价值导向"的基本要求。坚持公开公平公正原则，消除社会科学学术期刊评价乱象，规范学术期刊评价活动，坚决杜绝学术期刊"互引""互转"等学术不端行为。

其次，培育世界一流的社会科学类期刊。这就需要规范高等院校、科研院所的 SSCI 期刊等级划分标准和 SSCI 论文相关指标的使用，不直接以 SSCI 论文的相关指标作为判断的直接依据。注重学术期刊梯队建设，鼓励创办英文期刊、宣传中国特色社会科学研究成果；建立中国社会科学学术期刊评价体系，构建中国特色的"社会科学引文索引"系统。积极倡导研究中国问题、讲好中国故事，进一步提升我国社会科学学术期刊影响力和国际话语权。鼓励高质量的学术论文优先在国内发表，在职称评定、各类人才计划和奖励评选中，鼓励将在国内发表的论文作为代表作。

最后，要坚决打击社会科学学术期刊的不端行为。建立健全社会科学学术期刊预警监测制度，定期发布国内和国际学术期刊"黑名单"，并实时跟踪、及时调整。坚决打击学术"黑中介"和以"吸金"为目的的期刊，对于存在严重学术不端行为的学术期刊，实行"一票否决"。

（原文发表于 2020 年 6 月 30 日的《中国社会科学报》。）

重视发挥学术期刊对
学术研究的引领作用

尚增健

2020 年 3 月，一个契机引发了我们对社会科学研究中"模型化"和"数学化"倾向的反思。我的直接领导也是我工作上的好搭档李志军社长，一蹴而就执笔了《亟需纠正学术研究和论文写作中的"数学化""模型化"等不良倾向》的"编者按"，引起了社科领域的广泛共鸣，仅《管理世界》微信公众号，几天时间就有 6 万多的点击关注量，这又促使我们重新思考这样一个老旧而又随时代变迁"永葆青春"的话题——学术期刊的职责与使命。

一、 学术期刊的基本职责

世界上最早的学术期刊大概是 1665 年法国人戴·萨罗创办的《学者杂志》，也有人说是 1663 年德国人约翰·里斯特创办的《每月评论启示》[①]，我也没考证清楚。其实这个不重要，重要的是他们开历史之先河创办期刊的目的是什么。用萨罗的话来说，纯粹是为了"满足人们的好奇心和不用花费大力气就能学到新东西"[②]。不难看出，期刊诞

---

① 中国科技论文在线．（2018）．主编大讲堂：关于学术期刊的发展历程．http：//www.yidianzixun.com/article/0K3AmvAc，09 – 14.

② 梁华．（2016）．透视期刊选题困境的破解．中国社会科学报，03 – 29（935）.

生的初心，就是要成为展示成果、传播知识和交流思想的平台，是为读者服务、为作者服务、为社会发展服务的。所以，学术期刊首先要承担起"满足好奇心"和"学到新东西"的职责，这也是期刊的基本职责。

随着期刊思想交流平台作用的日益凸显，希望能够登上平台展示成果、参与交流的学者越来越多，一个有趣的现象逐渐形成了，凡是期刊上能够发表出来的文章，如同马克思劳动价值论中的商品价值实现了"惊险一跳"，其学术价值从此得到了社会认可，质的变化由此产生了。这一认知随着学术期刊同行评议制度的推广越发被强化了，于是学术期刊被赋予了一个新的职责——成果评价职责。

更有趣的是，伴随学术评价职责而来的一个更不容忽视的普遍认知是，能在期刊上发表的东西，无论是研究选题还是研究体例，甚至研究方法，都会被学界认为是社会承认的学术成果的评价标准，自觉不自觉地追随了期刊取向，客观上又赋予了期刊一个更加重要的职责——学术导向职责。一批又一批以探寻真理为己任的期刊人前赴后继，也确实使一大批学术期刊始终把握时代脉搏，站到了理论研究前沿，进一步强化了期刊对于学术研究的引领作用，学术期刊逐渐成为促进学术交流、引领学术发展、推动学术进步的重要载体。

二、 新时代我国学术期刊： 历史使命

改革开放以来，我国社会科学期刊获得了空前发展，在政治、经济、文化等各方面都发挥了不可替代的作用。记得在改革开放初期的"真理大讨论"中，学术期刊发挥着重要的引领作用和阵地作用，刊发了一大批足以改变社会观念和历史进程的学术力作，有效承担了"交流引导推动"职责。但是近些年来，无论是经济学还是管理学，理论创新逐渐落在了实践创新之后。学术期刊三大职责中最为重要的引领作用，也越来越淡化，甚至一些期刊仅满足于学术评价职能而且乐此

不疲。

中国特色社会主义已经进入新时代，世界正在经历百年未有之大变局。"面对新形势新要求，我国哲学社会科学领域还存在一些亟待解决的问题。比如，哲学社会科学发展战略还不十分明确，学科体系、学术体系、话语体系建设水平总体不高，学术原创能力还不强；哲学社会科学训练培养教育体系不健全，学术评价体系不够科学。"[①] "历史表明，社会大变革的时代，一定是哲学社会科学大发展的时代。当代中国正经历着我国历史上最为广泛而深刻的社会变革，也正在进行着人类历史上最为宏大而独特的实践创新。这种前无古人的伟大实践，必将给理论创造、学术繁荣提供强大动力和广阔空间。这是一个需要理论而且一定能够产生理论的时代，这是一个需要思想而且一定能够产生思想的时代。我们不能辜负了这个时代。"[②]

新时代召唤"一切有理想、有抱负的哲学社会科学工作者都应该立时代之潮头、通古今之变化、发思想之先声，积极为党和人民述学立论、建言献策，担负起历史赋予的光荣使命"[③]。新时代，也同样赋予了学术期刊引领学术研究的新的历史职责。这一历史职责如果用一句话概括的话，那就是：以理论创造为导向，研究中国问题、讲好中国故事。

三、 发挥引领作用， 讲好中国故事

对学术期刊来说，承担导向职责、讲好中国故事并不轻松，至少需要先搞清两个问题。

首先是怎么讲的问题。

我们先一起来看看大家都熟知的两位世界名人对中国的认知。制度经济学的奠基人科斯教授，他在《变革中国》一书中有这样一个表

---

① ② ③ 习近平总书记在哲学社会科学工作座谈会上的讲话，2016 年 5 月 17 日。

述："中国的改革开放是'二战'以来人类历史上最为成功的经济改革运动，但中国的经济发展和改革无法用西方的制度经济学来解释。"而作为美国著名战略理论家的布热津斯基博士讲得更加直白："西方人关于中国的认识有一半是无法理解的，另一半我理解了，但对不起，我理解错了。"这两位都是美国最杰出的学者，也是世界公认的精英，却对中国的发展有着巨大的不确定性和模糊的认知。[①] 何以如此，恐怕一个重要原因就是他们俩都不是中国人，无法真正理解中国人传承的是五千年中华文明的文化基因，他们也无法切身感知生活在中国特色社会主义国度的人们的意识和理念。这段往事给我们一个重要启示：讲好中国故事，至少有两种差异是不能忽视的，一个是文化差异，另一个是制度差异。

文化差异与制度差异影响社会组织和个体行为，在学术研究方面，毋庸讳言，无论经济学还是管理学，国际主流理论的学理脉络都是源自西方的，如果简单套用源自西方文化与制度背景下的学理，分析中国文化背景下有特色的社会主义市场经济的现实问题，根基不同，缘由更不同，谬误和偏差恐怕也是不言而喻的。

我们在这里刻意叙说中西差异并非主张对立，是想强调客观严谨的学术研究只有尊重事实、正视不同，才有可能探寻同类事物现象背后的不同真相，揭示出事物运动和变化的内在逻辑和客观规律。所以，讲好中国故事最重要的就是要真正了解中国国情，立足中国国情。学术期刊担负引领职责，要注意正确识别和看待这些差异，谨慎对待形式上基于中国情境骨子里完全以西方理论讲述中国现实问题的故事，担负起引领学术研究讲好中国故事的重大使命。

其次，要重视讲什么的问题。

在中华人民共和国七十多年奋斗史尤其是改革开放四十多年的民族复兴征程上，我们征服了无数的艰难险阻，跨越了数不尽的暗礁险

---

① 科斯和布热津斯基对中国的认知，引自吴晓波 2017 年 12 月 30 日在无锡灵山梵宫举办的跨年演讲——"预见 2018"：回溯改革开放 40 年的激荡岁月，致敬四类改革者。

滩，也累积了前所未有的丰富的实践经验。这些丰厚的"财富"，为构建中国特色哲学社会科学的学术概念、话语体系、学科体系和理论体系提供了坚实的基础。引领学术研究，讲好中国故事，学术期刊就要多组织多发现基于中国情境体现继承性、民族性、原创性和时代性的研究成果，就要多鼓励多刊发从我国改革发展实践中发现新问题、挖掘新材料、提出新观点、构建新理论，体现系统性、专业性的学术文章，就要多营造多倡导学术争鸣、学术创新、学术守信的学术风气。在推进学科体系、学术体系、话语体系的建设与创新，构建全方位、全领域、全要素的哲学社会科学体系进程中，把握正确方向，尽职尽责尽忠。

"为天地立心，为生民立命，为往圣继绝学，为万世开太平。"担起时代职责，引领学术发展，助推理论创新，我们责无旁贷。

（2020 年 5 月）

第二部分

研究中国问题 讲好中国故事

如何讲好中国故事？

刘　军　朱　征

鉴于我国经济学管理学研究中出现的过度"数学化""模型化"等不良倾向，《管理世界》李志军、尚增健于 3 月 25 日在该期刊 2020 年第 4 期"编者按"发表《亟需纠正学术研究和论文写作中的"数学化""模型化"等不良倾向》一文（后文简称《管理世界》"3·25"倡议），呼吁中国学者"研究中国问题、讲好中国故事"。

作为学术研究者，我们深感这一倡议能够敦促经济学和管理学的研究者扎根中国土壤，发现中国问题，探究问题本质，提出具有中国实践特色的新思想、新观点和新见解。为此，我们致力于解读《管理世界》"3·25"倡议，并推送一系列文章，从实践、理论、方法、价值取向与学者行动等角度进行回应。本文我们跟大家分享的是：**如何讲好中国故事？**

一、什么是"好的故事"？

什么样的故事，是一个"好的故事"？Colquitt 和 George（2011）为我们提供了三个衡量标准：**重要的、新颖的和令人好奇的。**

首先，一个好的故事所反映的本质问题一定是重要的，这种重要性主要体现为能够回应与解决重大问题和重大挑战。例如，中国老龄化问题逐渐凸显，养老保障不仅是一个严峻的社会问题，更会成为国家全面小康社会建设的短板。李海舰等（2020）创造性地提出"时间银行"这一新型互助劳务养老模式，为解决世界养老难题贡献中国智慧。

其次，一个好的故事应当是新颖的。新颖的故事能够为我们带来新的知识，能够改变特定文献中已经发生的对话。例如，传统的组织行为研究认为信任对员工的工作态度和表现具有积极作用，然而 Baer 等（2015）却发现被信任可能会增加员工的压力和情绪耗竭，给员工带来负面影响。Baer 等（2015）的研究改变了我们在信任文献里的对话，启发管理者在将信任员工作为管理与激励他们的一项策略的同时，重视信任可能产生的代价。

最后，好故事总能吸引人的注意力，始终让读者保持好奇心。一个吸引人且始终让读者保持好奇的故事不仅在于让你猜不到故事的结局，更在于让你始终有兴趣知道"为什么"。例如，Matta 等（2017）提出了一个问题："领导者时而公平、时而不公平会不会比一直不公平更加糟糕？"这样的一个问题会引发人的好奇心，让人进一步去探索答案是什么以及为什么。

二、 什么是好的 "中国故事"？

毫无疑问，"重要性""新颖性""令人好奇"三项标准，适用于讲述好的中国故事。只不过，以上三点，尚不足以保证能够讲出好的"中国故事"，原因在于：中国问题必须扎根于中国社会与管理实践，但目前经管类的主流研究范式和研究理论依旧是西方主导。一些学者将西方的变量直接用于中国研究情境或借由西方的理论逻辑解释中国的管理现象，我们不否认西方理论的正确性，只是西方理论真的完全适用于中国的社会情境吗？

中国与西方在文化认同、社会发展阶段、政治制度和经济产业政策等诸多维度上，都存在巨大差异，在西方被验证和推崇的管理理论未必能"普适"用于中国社会与组织——生搬硬套会导致"用正确的方法解决不恰当的问题"。因此，讲好中国故事，就要求我们必须立足于中国实践本身，发现中国经济社会发展以及组织管理过程中的真问题，真正做到"从实践中来，到实践中去"。

更重要的是，中国社会发展历经千年浮沉，文化宝藏多不胜数。从春秋战国诸子百家的争鸣，到明清时期晋商、徽商、潮商等商帮的兴起，再到近年华为、阿里巴巴、腾讯、海尔等企业的崭露头角，中国的传统文化与商业思想在历史的潮流中纠缠前行。中国传统文化是我们讲述中国故事的一个得天独厚的优势，建立学术研究中的文化自信、传播中国传统智慧，应成为本土学者的神圣使命之一。

由此可见，一个好的中国故事应当：**根植于中国文化土壤，立足于中国社会实践**。那么，如何通过"根植于中国文化土壤，立足于中国社会实践"讲述好的中国故事？我们将通过以下五个案例来分析讲好中国故事的一些小策略。

（一）策略 1：根植传统思想，开发中国概念

王庆娟和张金成（2012）的《工作场所的儒家传统价值观：理论、测量与效度检验》以儒家思想为理论基础，提出了"工作场所儒家传统价值观（Confucian Traditional Valuesat Workplace，CTVW）"这一概念，认为 CTVW 本质上是一种以关系和谐为核心的儒家关系导向，包括遵从权威、接受权威、宽忍利他和面子原则四个维度。

无独有偶，Zhang 等（2015）的 *Paradoxical Leader Behaviors in People Management：Antecedents and Consequences* 基于道家"阴阳平衡"的思想提出了"悖论式领导（Paradoxical Leadership）"的概念，帮助领导者掌握在复杂、动态和竞争环境中赢得竞争优势的领导策略，为解决领导面临的不同需求和矛盾提供了一个整合性的思维方式。

这两篇文章都是基于中国传统文化和思想，开发具有中国本土特色的学术构念。儒家的"和谐思想"和道家的"平衡思想"被恰当地应用于组织管理领域。这些学者没有直接将西方概念应用于中国情境，而是深入发掘具有中国文化色彩的构念，并对其进行操作化，为解决情境性的问题和普适性的问题提供了中国思路。

因此，讲好中国故事，途径之一可从开发具有中国情景特殊性的构念开始。**基于儒、法、道传统文化，提出具有中国智慧的管理学概念，为解决世界问题贡献中国智慧。**

（二）策略2：挖掘文化宝藏，建构中国逻辑

潘安成等（2016）的《"破茧成蝶"：知恩图报塑造日常组织活动战略化》通过对央视纪录片《记住乡愁》中的乡村故事进行质性分析，构建了"施恩—知恩—报恩"的组织实践在解决组织危机过程中发挥作用的理论模型。

该研究揭示了知恩图报的关系交往规则塑造组织日常战略实践的自组织行为机理，即知恩图报通过构建组织成员的情感性资源、工具性资源和社会性资源，进而增加组织成员之间的关系交往。当组织活动在某一环节出现危机，"恩情的施与报"机制会被启动，这种机制能够将组织成员组织起来，自发地、共创性地解决问题。以人为本的"恩情的施—报"机制不仅具有"防患于未然"的战略性，同时兼具"情理之中意料之外"的共创性。

恩情，是中国情理社会中一颗耀眼的明珠。尽管西方研究者在心理学的层面围绕"感激（Gratitude）"这一情感概念开展了大量研究，但潘安成等的研究独具匠心地从中国乡村日常互动活动出发，深刻地揭示了"施恩—知恩（感恩）—报恩"这一以人为本的自组织机制如何组织村民共创性地解决乡村活动中出现的危机，使古老乡村在文化传承方面不断继往开来。

我们认为，这篇文章讲述了一个好的中国故事，好在它扎根于中国乡村的社会实践，根植于中国传统的感恩文化，提取纪录片中的材料并用"叙事"的手法向我们勾勒了一幅组织日常活动战略化的画卷。所以，不妨试着挖掘中国传统文化中的宝贵财富（例如和谐、平衡、关系等），并结合身边的社会实践（如组织中"礼物"的流动、恩情

的交换等），建构中国逻辑，用本土化逻辑解释具有中国特色的现象，讲好中国故事。

（三）策略3：巧用文化对比，凸显本土优势

陈维政和任晗（2015）的《人情关系和社会交换关系的比较分析与管理策略研究》对人情关系和社会交换关系进行比较分析，鲜明地将东方和西方两种不同的人际互动关系呈现出来，为我们勾勒了中国文化的人情关系和西方文化的社会交换关系如何通过影响组织关系管理策略和员工关系偏好，最终塑造组织文化形态和员工态度和行为。通过文化对比的视角，梳理了东西方两种不同的人际关系理论，明晰了人情交换关系和社会交换关系在人际交往原则和交往方式上的差异。

通过文化对比，他们讲述了中国文化和西方文化下不同的人际交往原则与方式，鲜明地凸显了中国文化中"人情"的情理社会规范。这样的讲述方式不仅清晰易懂，同时将不同文化下组织中人际交往优势和弊端清晰地呈现出来，帮助我们识别中国文化中的优势与不足，同时能够启发我们借鉴西方文化中的长处来规避我们的短板，最终实现以"公平公正"为前提、以"情感相依"为核心的管理策略，实现企业和员工的共同发展。

由此可见，对比是讲述中国故事的一种有效手段，通过对比能够为读者呈现清晰的中国故事和西方故事，能够让读者更加深刻地体悟中国现象、中国实践的独特性，从而发展中国理论。

（四）策略4：扎根中国实践，横向归纳总结

武亚军（2009）的《中国本土新兴企业的战略双重性：基于华为、联想和海尔实践的理论探索》基于华为、联想和海尔的战略实践提出了本土新兴成长型企业的战略双重性理论，即本土新兴企业需同时具备战略复杂与战略简练的双重性特征。战略复杂性包括经营能力选择、组织能力建设、自主技术发展、制度环境应对和产权及内部治理优化五个维度；中国的权威文化和"阴阳"思维指导企业对多维战略要素进行协调和整合，进而形成战略简练性（遵循价值创造和利益分配两项基本原则）。

通过对本土新兴企业战略的分析和内容提炼，武亚军提出了本土新兴企业战略双重性框架，并对其应用策略进行了讨论。这样的故事不仅扎根于中国现实的企业战略管理实践，同时结合中国"威权""平衡"这些优秀的文化思想，最终构建出了能够指导新兴企业战略设计的框架。不仅讲述了一个完整的中国故事，同时将西方战略理论和东方管理智慧巧妙结合，对企业战略实践也提供了有益指导。

由此看来，讲述一个好的中国故事，在内容上需要扎根中国管理实践，从实践中发掘现象，从现象中提炼问题；最后用中国传统智慧和逻辑解决中国实践中发掘的现象，真正讲好、讲完整中国故事。在形式上，采取"横向"策略观察管理实践，通过不同企业案例的对比，发掘现象的共同点，讲出令人信服的中国故事。

（五）策略5：把握时代脉搏，持续追踪观察

刘意等（2020）的《数据驱动的产品研发转型：组织惯例适应性变革视角的案例研究》通过对韩都衣舍的纵向案例研究，提出从基于经验的产品研发转变为数据驱动的产品研发的两阶段转型模型，剖析了数据驱动的产品研发转型的组织惯例适应性变革机制，对"数据驱动"的内涵进行了创新性阐述。该文不仅构建了数据驱动的产品研发转型理论，同时对数字经济时代数据驱动产品创新的企业实践提供了政策启示。

信息时代到来，大数据分析对于企业构建动态能力发挥至关重要的作用。刘意等对韩都衣舍的追踪研究，为我们生动展现了韩都衣舍数据驱动的产品研发模式，并提供了数据驱动产品研发转型路径与实现机制框架，同时帮助企业通过组织惯例适应性变革解决数据驱动的产品研发转型冲突。

因此，把握时代脉搏，才能站在中国管理实践的土壤上讲出符合时代特色的中国故事，并为引领世界的未来发展贡献中国智慧。同时，采取"纵向"的追踪策略深入观察企业，能够为我们提供更为动态和

生动的故事脚本，让读者真正"透视"组织实践。

通过对以上研究中"讲好中国故事"的策略分析，我们可以发现：在遵循"重要性""新颖性""令人好奇"三项准则的基础上，"根植于中国文化土壤"和"立足于中国社会实践"是我们能讲好中国故事的两根"指挥棒"。在三项准则与两根指挥棒的规范、指引下，"讲好中国故事"可以从以下五个方向入手：

（1）发掘传统文化的精华，提出、发展具有中国特色的理论构念。

（2）基于中国社会观察，结合文化传统，建构中国管理逻辑，用中国管理智慧解释本土组织现象。

（3）巧用文化对比，识别中国文化的精华与糟粕，虚心学习西方文化的精华来构建更具影响力的中国理论。

（4）寻找优秀企业实践的共同点，提炼适合中国政策环境和文化环境的组织管理策略。

（5）紧扣时代脉搏，用心追踪企业实践的变化和发展，讲出具有发展性的中国故事。

当然，以上案例的选择分析及其对应的策略建议，并不能完全反映"讲好中国故事"的全貌，一定还有其他更有洞见的策略与建议……我们仅是抛砖引玉，学术同人对"如何讲好中国故事"若有独到见解，期待共同沟通交流。

作者简介：

刘军，中国人民大学首批杰出特聘教授。

朱征，中国人民大学与香港大学联合培养博士研究生。

参考文献

［1］ Baer, M., et al. （2015）. Uneasy lies the head that bears the trust: The effects of feeling trusted on emotional exhaustion. Academy of Management Journal, 58 （6）: 1637 – 1657.

［2］Colquitt, J. A. , & George, G. （2011）. From the editors：Publishing in AMJ – Part 1：Topic choice. Academy of Management Journal, 54 （3）：432 – 435.

［3］Matta, F. K. , et al. （2017）. Is consistently unfair better than sporadically fair? An investigation of justice variability and stress. Academy of Management Journal, 60 （2）：743 – 770.

［4］Zhang, Y. , et al. （2015）. Paradoxical leader behaviors in people management：Antecedents and consequences. Academy of Management Journal, 58 （2）：538 – 566.

［5］陈维政, 任晗. （2015）. 人情关系和社会交换关系的比较分析与管理策略研究. 管理学报, 12 （6）：789 – 798.

［6］李海舰, 李文杰, 李然. （2020）. 中国未来养老模式研究——基于时间银行的拓展路径. 管理世界, （3）：76 – 90.

［7］刘意, 谢康, 邓弘林. （2020）. 数据驱动的产品研发转型：组织惯例适应性变革视角的案例研究. 管理世界, （3）：164 – 182.

［8］潘安成, 张红玲, 肖宇佳. （2016）. "破茧成蝶"：知恩图报塑造日常组织活动战略化. 管理世界, （9）：84 – 101.

［9］王庆娟, 张金成. （2012）. 工作场所的儒家传统价值观：理论、测量与效度检验. 南开管理评论, 15 （4）：66 – 79.

［10］武亚军. （2009）. 中国本土新兴企业的战略双重性：基于华为、联想和海尔实践的理论探索. 管理世界, （12）：120 – 136.

（原文由微信公众号"工商管理学者之家"于 2020 年 3 月 26 日发表：https：//mp. weixin. qq. com/s/uyFR7OhyVCJHdmeZMzAczg。）

模型与思想的博弈与互补

刘 超 刘 军

经管领域的中文顶级期刊《管理世界》与《经济研究》分别于
2020 年 3 月 25 日和 26 日发布《亟需纠正学术研究和论文写作中的
"数学化""模型化"等不良倾向》的"编者按"和《破除"唯定量
倾向" 为构建中国特色经济学而共同努力——〈经济研究〉关于稿件
写作要求的几点说明》的"来稿说明"。我们相信,两个期刊"携手"
行动,放出了风向标似的明确信号,给我们广大研究者以警醒。如何
看待研究中的数学模型范式与学术思想之间的关系?两者如何取舍?
今天,我们力图做些简单分析,并给出相应建议。

一、 管理研究中数学模型范式的起源与发展

任何一个学科都难逃回答"合法性"的问题,管理学也不例外。
商学院创建后,初始的管理研究基本是以案例与工厂实验研究为主,
其科学严谨性较为缺乏,不被其他学科所认可。管理学由于其学科基
础薄弱,在寻求确立正当性与合法性的过程中,在研究方法策略上,
不得不偏向依赖早已建立合法性的自然科学之手段。

1959 年,美国福特基金会和卡内基基金会发布了有关《管理研究
和教学应着重于科学化和学术化》的报告,倡导采用"科学方法"做
管理研究——这极大地助推了数学模型与自然科学范式应用于管理学

术研究。相应地，一些顶级学术期刊如 AMJ 宣布只接受严谨的实证科学研究论文，而大部分大学都以期刊发表为标准进行学术评价，这些都迫使管理研究越来越模型化、数学化。

管理研究科学化，使很多经济学家、心理学家和社会学家能一同参与合作展开更具"科学性"的实证研究。20 世纪 90 年代之前，管理学的研究是"科学严谨性"兼顾"实践价值性"，这一时段被称为管理研究的"黄金时代"。但好景不长，1990 年后，管理研究的"科学范式"被加速强化甚至僵化，并逐步退回到"象牙塔"里。

正如《管理世界》提到的，经济管理研究中出现了过度"数学化""模型化"等不良倾向。例如，一味追求数学模型，忽视了学术思想；沉迷于数学游戏，使简单问题复杂化，用"众所不知"的语言讲述众所周知的道理。这些现象，也被徐淑英教授称为"象牙塔研究"。它们有的与实践的相关性不强，有的与理论脱节，甚至不少研究无法得到复制，这些都伤害了管理学研究的价值性与发展性。不少学者关注并参与到对这些问题的讨论中来，几乎每隔一段时间，都有呼吁实践与理论相结合的文章出现（Banks et al.，2016；陈春花、吕力，2017）。

事实上，对管理学学科的定位是一个颇具争议的难题。一方面，为了维持自身在诸多学科中的合法性与"竞争力"，管理学要向科学化靠拢，这以数学模型等为优选标准；另一方面，管理学的内在属性又使它要经受"实践价值性"的挑战，管理研究要与实践相弥合。当然，数学模型与学术思想并不是相互排斥、隔离的，但我们不能过度滥用数学模型，我们要做的研究应该是范式科学性、学术思想与实践价值性的统一。

二、 数学模型与学术思想的 "博弈"

说到科学化与数学模型，我们必须提到的一位学者是詹姆斯·马奇（James G. March）。马奇专注于纯科学式的理性探索，善于通过应用数学模型和科学范式进行学理研究。在所有的研究中，马奇都表现出一以贯之的数理科学倾向。马奇被公认为是过去 50 年来，在组织决策研究领域最有贡献的学者之一，他在组织、决策和领导力等领域都颇有建树。

2003 年，两位管理学者劳伦斯·普鲁萨克（Laurence Prusak）与托马斯·H. 达文波特（Thomas H. Davenport）在《哈佛商业评论》上制作了一张 200 位管理大师的"榜单"，然后问了这些管理大师们一个问题："谁是你心目中的大师（大师心目中的大师）？"排在第一位的是彼得·德鲁克（Peter F. Drucker），排在第二位的是詹姆斯·马奇，排在第三位的是著名的诺贝尔经济学奖获得者赫伯特·西蒙（Herbert A. Simon）。

马奇认为，学者的研究不应以指导实践为研究目标，倘若能指导实践，那是"意外之喜"。虽然马奇并没有以实践导向作为研究目标，但他的研究成果与学术思想往往能同时影响学术研究和管理实践。从他的学术经历来看，如果学术研究真正做到位了，研究成果的实践价值可能就会呈现出来。因而，"纯模型"或"数学化"或许也并不是无"用武之地"，若被合理使用，能成为贡献学术思想与实践引导的价值源泉。组织选择的"垃圾桶理论"及"热炉效应"就是马奇留给我们的宝贵财富。

与马奇走"纯科学范式"截然不同的是彼得·德鲁克。德鲁克极不看重数学与模型，不强调科学范式，他追求的是管理思想对于管理实践的价值。德鲁克绝少发表完全符合主流学术标准和科学规范的论文，文章中极少有数学模型。但他的研究具有重要的实践影响力——收录在 37 篇《哈佛商业评论》刊登文章和自己的 47 部著作中。数学模型的缺乏并没有影响德鲁克对于实践的智慧洞察，目标管理、自我控制、知识工作者等都是德鲁克贡献的经典管理思想。

通过马奇和德鲁克的例子，我们看到，在管理研究中，数学模型可以创造出有价值的学术思想；完全没有数学模型，学者也能讲好实践故事，贡献学术思想。但更多时候，数学模型与学术思想能够互补，相得益彰。

三、 数学模型与学术思想的互补

（一）数学模型可以帮助学术思想证伪

数学模型能将概念模型用更加精确、严密的数学语言表示出来。如果能将所有因素考虑到并数学化，那我们就可以用数学工具和形式逻辑方法进行深度推理和演绎，这能促进管理学科的科学化。数学还能促进经验研究，确保相关理论的可靠性（陆蓉、邓鸣茂，2017）。

索罗斯在题为《论人的不确定性原则》的演讲中提到，他非常认可维也纳哲学家卡尔·波普尔的一个观点"经验真理不能被绝对地肯定"。即便科学规律也不能摆脱疑云，他们可以被实验所证伪。也就是说，只要有一个数据证明这个理论是错误的，那么就足以证明整个理论不成立。

周楠等（2009）通过新制度理论与种群生态理论构建了概念模型，并通过数学模型发现，一个公司选择进入一个国家的可能性随着东道国中来自同一母国、同一行业公司的密度而增大，而公司东道国发展经验越丰富，其受到种群密度的影响越弱。但"自身的研发能力越强，种群密度影响越弱"这一理论推演并没有得到充分验证。

（二）数学模型可以为学术思想提供新的思路和线索

如果是纯粹的理论推演，或仅强调学术思想，即便研究者尽可能地保持研究过程的严谨性和态度中立性，但理论仍会带有较为强烈的个人色彩。一方面，理论推演需要基于大量的研究素材（也就是丰富的感觉材料）和研究者丰富的知识储备，而收集什么样的素材以及从什么角度切入则容易受到个人过往经历的影响。另一方面，理论推演的思考方向和思维模式受到个人经验和习惯的约束。

在强大的数据技术加持下，有时我们也可能在数据挖掘过程中发现一些有意思的现象或意想不到的线索（见图 1）。当然，这些数据挖掘出的变量关联可能是虚假无效的，但我们不妨将数据挖掘作为一个大浪淘沙、去粗取精的过程，将发现的线索作为学术理论发展的重要补充，帮助完善已有的学术理论，甚至启迪新学术理论的萌发。这种做法在市场细分领域已经帮助到很多管理者和学者（Trindade et al.，2017）。

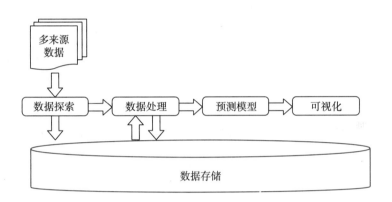

图 1　数据挖掘过程

（三）学术思想可以帮助建立科学的数学模型

数学模型不是无本之木、无源之水，它的建立很多时候是基于严谨的学术理论。学术理论可以为数学模型建立提供思路，数学模型又可以帮助准确把握变量间的数学关系，为社会与管理实践提供指导。例如，根据卡尼曼前景理论，我们知道大多数人在面临收益时倾向于风险规避，在面临损失时倾向于风险偏好。

但是针对具体的社会实践，例如在为投资理财产品进行定价和设计时，就需要确切知道消费者的风险偏好系数。这时，我们可以基于前景理论建立科学的数学模型，通过充分的数据调研确定模型中的具体系数，以制定合理的投资理财产品。

四、 模型与思想的融合："全员"参与式行动

我们的研究既要"数学模型"来保证科学化和可靠性，又要贡献重要的学术思想及实践指引。该目标的实现需要学术生态中所有主体的共同努力。

（一）学者的行动

我们需明确管理研究的使命。这是确定管理学科定位及研究路径的核心问题。管理学是一门职业教育学科，还是研究性学科，抑或是一门科学？这个问题被探讨百年，到现在仍争论不休。徐淑英教授提了一个愿景：要做负责任的研究，即生产可信且可靠知识的科学工作，这些知识能直接或间接用于解决商业组织和社会中的重要问题。这能帮助学者厘清管理学科定位及研究的行动核心，即管理研究最终要回答实践问题。

管理研究的实践属性使管理学者不能像数学家、自然科学家那样，仅仅专注于数学与模型表达，它最后一定会落到实践指引上。对学者来讲，要充分理解身上承担的使命与责任，行动才会有"张力"，才能更好地"平衡"数学模型与学术思想。

陈春花教授提出的"两阶段法"可以更好地融合科学范式与实践价值。第一个阶段是找到有价值的问题，即"实践先行"。这个阶段的实践观察与个案分析显得尤为必要，是研究问题实践相关性的重要来源。第二个阶段是科学性。只有科学的范式才能让研究具有复制性与信效度保障，遵循科学的逻辑也让研究问题得以理论化。

学者行动中需要"以终为始"，以实践最终导向为标准来开展负责任的管理研究。一方面，学者自身要始终怀揣着为社会服务的研究理念。要确保研究的可靠性与严谨性，正确合理使用数学模型和工具，要警惕数学模型滥用的表现形式及危害（陆蓉、邓鸣茂，2017）。另一方面，研究过程也要有扎实的科学范式和方法，这既可以是严谨的

数学模型，也可以是定性分析，更可以是跨学科的知识合作。研究一定要透明与科学，采用多元研究方法，不能过度依赖、滥用数学与模型工具，更不能作假。

（二）学校/科研机构、期刊等主体的行动

为什么管理学术文章几乎很少被实践者青睐？这其中很大一部分原因在于学校、科研机构及期刊等评价机制与学术氛围有偏。很多学校或科研机构制定简单粗暴的学术考核标准，仅靠文章发表的"数豆子"文化，其衡量标准很少涉及真实的实践贡献。

期刊本来是嫁接管理研究与实践的桥梁之一，是管理知识创造及向外部转移的重要载体。但一些期刊过于注重形式和规范，在管理学科"科学化"的浪潮下过于强调理论创新、研究方法科学与严谨及写作话术。

这导致的一个明显的学术现实是，学者的文章很少关注实践及社会问题，内容更注重数学化、模型化等科学范式。学术界与实践界的话语体系显得格格不入，两界之间的沟通甚是困难。因而，管理学术期刊很少有来自商业的读者。为了更好地促进管理研究，使其兼具"科学性""学术思想性""实践价值性"，学校、科研机构、期刊等可以尝试向以下方向努力：

（1）对于学校及科研机构，重点是正确衡量学者的学术贡献及构建与之相关的职位晋升体系。例如可以将理论与实践价值同时作为学术贡献的评判标准。Aguinis 等（2014）曾建议将学术评价体系多元化，在评价中纳入实践领域影响力的相关指标。

事实上，不少学校开始注重管理研究、企业及教学之间的密切关系。例如，密歇根大学要求管理学者增加实践相关角色，并帮助解决全球和本地问题。因而，对管理研究的评价，可能社会影响的占比要超越科学范式的占比。这都是学校和科研机构制定研究成果考核标准时可以努力的方向，能有效避免研究者过分追求数学模型而导致研究传播力及实践影响力低的现象。

（2）对于期刊，需要搭建适于学者内部知识分享及与企业外部沟通的合适平台。编辑、同行评审要正确对待研究中的数学化和模型工具，考虑其是否合理，它是否能较好地"承载"研究成果，成果是否能较好地与理论与实践对话。

考虑到学术范式与定位多元化，如包括"非直接应用研究"（第一类研究）和"直接应用研究"（第二类研究）等。可以参考夏福斌（2014）的建议，构建科学的知识传播平台及期刊评价机制（见图2），这样有助于期刊的长期存续及其分类管理，也使研究成果从学界向实践界传播，更好地兼顾数学模型与学术思想。

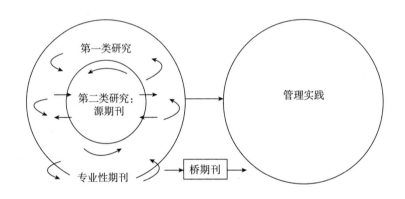

图 2　管理期刊知识传播

资料来源：夏福斌．（2014）．管理学术期刊的职责和使命——基于管理研究与实践脱节的分析．管理学报，11（9）：1287－1293.

同时，期刊需要与学者协同，共推负责任的研究。有些期刊已经走在前面，如 *Management and Organization Review*。该期刊提倡"二阶段评审程序"，即研究者先提交研究计划，如果评审认为研究很好，就可以放心去做。在保证程序性准确的前提下，文章都会发表，这使研究者不会刻意追求数学化、模型化，研究成果也更容易与实践相关联。

（三）企业的行动

管理研究跟企业有密切关系，要鼓励和企业共同做研究。与企业一起真正进行合作研究，能较好地保证数据质量，而且研究成果又能反哺企业，对其他企业也有帮助。

不幸的是，Halfhill 和 Huff（2003）对 1982～2002 年发表在 *Journal of Applied Psychology* 和 *Personnel Psychology* 的合作者进行了一次统计，发现学者间合作的文章大概占到 80%～90%，而学者与实践者共同合作的比例非常少。

至今，管理学者与企业家的合作研究状况依旧没有明显的改变。我们建议，商学院需要创新，管理研究需要企业的深度参与。特别是在大数据时代，企业参与式研究对数学模型构建及学术思想创造是一件非常有利的事情。

为了实现数学模型与学术思想的"融合"，根本上的解决方案是构建健康的学术生态体系。在生态里，各主体各司其职，又协同合作。学者能自主承担负责任的研究使命，学校与科研机构提供合适的研究"土壤"，期刊能正确地评价、挑选文章及传播知识，企业能主动地参与研究。学者自会在数学模型与学术思想间取得平衡。

五、 结语

最后，我们强调，数学模型不仅是工具与科学范式，也是可以承载或创造重大学术思想的利器。数学模型与学术思想相得益彰是高质量研究的重要特点。学术思想和理论能帮助指引构建更合理严谨的数学模型。应用数学模型的背后需要深入思考的是理论逻辑、适用性及学术思想，绝不能滥用数学模型，让简单问题复杂化。我们期望未来的学术生态能正确对待数学模型，不完全摒弃，也不过分迷信、依赖，拥抱多元规范的研究范式开展管理研究。

作者简介：

刘超，北京大学国家发展研究院博士后。

刘军，中国人民大学首批杰出特聘教授。

参考文献

［1］Aguinis, H., et al.（2014）. Scholarly impact：A pluralist conceptualization. Academy of Management Learning & Education, 13（4）：623 – 639.

［2］Banks, G. C., et al.（2016）. Management's science – practice gap：A grand challenge for all stakeholders. Academy of Management Journal, 59（6）：2205 – 2231.

［3］Halfhill, T., & Huff, J.（2003）. The scientist – practitioner gap：Present status and potential utility of alternative article formats. Industrial – organizational Psychologist, 40（4）：25 – 37.

［4］Trindade, G., et al.（2017）. Extracting clusters from aggregate panel data：A market segmentation study. Applied Mathematics and Computation, 296：277 – 287.

［5］陈春花，吕力.（2017）. 管理学研究与实践的脱节及其弥合：对陈春花的访谈. 外国经济与管理，39（6）：12 – 22.

［6］李平，杨政银，陈春花.（2018）. 管理学术研究的"知行合一"之道：融合德鲁克与马奇的独特之路. 外国经济与管理，40（12）：28 – 45.

［7］陆蓉，邓鸣茂.（2017）. 经济学研究中"数学滥用"现象及反思. 管理世界，（11）：10 – 21.

［8］吕力，田飂，方竹青.（2017）. 实证、行动与循证相结合的管理研究综合范式. 科技创业月刊，30（9）：84 – 88.

［9］夏福斌.（2014）. 管理学术期刊的职责和使命——基于管理研究与实践脱节的分析. 管理学报，11（9）：1287 – 1293.

［10］徐淑英.（2018）. 负责任的商业和管理研究愿景. 管理学季刊，3（4）：9 – 20，153 – 154.

[11] 周楠，朱玉杰，孙慧．（2009）．密度制约模型中的合法化：公司以及地域异质性在海外扩张中的调节作用．管理世界，（3）：111－120.

（原文由微信公众号"工商管理学者之家"于 2020 年 3 月 27 日发表：https：//mp. weixin. qq. com/s/iLvH784KDltDKQtKw1KsUQ。）

把研究的根扎在实践中

刘 军 朱 征

"倡导负责任的学术研究。学术研究的目的不是自娱自乐,要有社会责任感和时代感,要为国家经济社会发展服务。"

——李志军、尚增健(2020)

作为经管领域的研究者,我们的高光时刻,不仅是在"top – tier"期刊上为辛苦"炮制"的论文找到一个理想的归宿,更应是将我们的研究成果与学术智慧应用于管理实践中,为国家经济和社会发展服务。然而,学术研究与业界实践的脱节,将许多研究者置于尴尬的境地:学术与理论,成了研究者的职业游戏,而非实践者的行动指引。尽管有研究表明,改革开放以来中国管理研究的科学严谨性与实践相关性"从未完全脱节",但管理理论和管理实践在近20年仍逐渐出现分离的现象,两者间鸿沟有越来越扩大的趋势(曹祖毅等,2018)。因此,将管理研究的根"扎"在实践中,仍是所有研究者必须面对的话题。

一、 改变底层逻辑, 为 "扎根" 提供机会

管理理论和管理实践实际上是两个不同的"场域"(李平等,2018)(见图1)。不同场域内的规则和逻辑存在差异,导致主体行动者的行为动机、问题逻辑出现分化,最终带来知识产生上的差别。当

我们独立看待两个场域时，每个场域从制度规则到知识产生都是合理的。不过，如果我们将两个场域统一来看，就会发现两者之间既有统一（互补），又有对立（矛盾）。

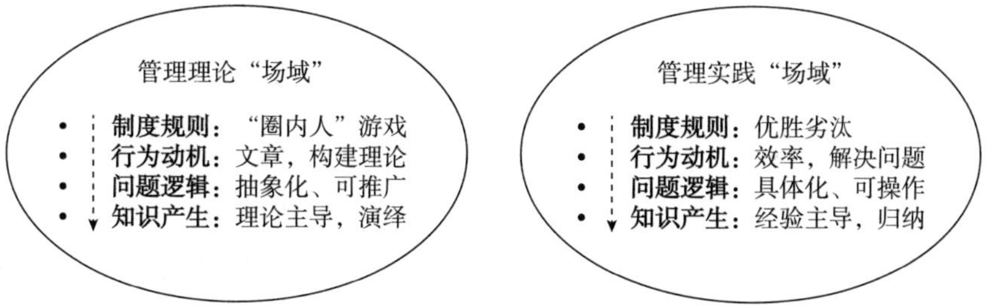

图1　管理理论"场域"和管理实践"场域"

资料来源：李平，杨政银，陈春花．（2018）．管理学术研究的"知行合一"之道：融合德鲁克与马奇的独特之路．外国经济与管理，40（12）：29－46.

在统一的一面，管理理论场域构建的理论可以被应用于解决实践场域的问题，管理实践场域是由具体实践经验归纳的知识又能反哺理论上的问题提炼和理论构建。遗憾的是，当两个场域的底层逻辑（制度规则）出现问题时，两者的统一性降低。取而代之的是矛盾的对立。

理论场域追求"纯粹的理论"本身无可厚非。只是，管理研究如果脱离了管理实践便失去了"管理"的本质，也就称不上管理研究，"理论美"会随之消亡。因此，当"圈内人"的游戏在管理场域出现时，管理学者的行为动机就会功利化，建构出的管理理论可能无法应用于实践。而实践场域"优胜劣汰"的规则将企业的注意力集中在自我利益和短期管理问题上，缺乏充分动机参与管理研究或反思管理理论，自然不会认可管理研究的成果并将其应用。由于两个场域底层逻辑的缺陷，导致两者无法良性互动并构成可持续发展的管理生态。

因此，**弥合管理理论和实践的鸿沟需要从根本上改变两个场域的底层逻辑**。在管理理论场域中，我们需要：重设学术评价体系，充分考虑实践界的反馈与意见；倡导管理学术范式朝着"跨界混合型研究"

靠拢，避免过度的"纯学术研究范式"和"纯实践研究范式"；重塑管理教育模式，引导实践者发展学术思维，鼓励学术者关注实践现象，培养"作为管理者的研究者"（李平等，2018）。

在管理实践场域中，研究者和商学院也需要：教导管理实践者，培养实践者的长期眼光，增强实践者的理论建构和理论应用能力，培养"作为研究者的管理者"（彭贺，2012）；同时，理论界需要和实践界携手搭建平台，让研究者和管理者有更充分的机会进行沟通和交流。

当然，管理理论和管理实践的脱节，还有一些其他的原因。例如，在沟通层面上，学者和实践者都建构了属于自己的话语体系，双方难以沟通。在管理者层面上，管理者对理论产生和作用边界认识不足，很难将一般的理论准确转化为实践知识（彭贺，2011）。在管理者和学者互动层面，由于缺少平台或资源等，管理学者和实践者鲜有深度的沟通和互动。这些问题，伴随着两个场域底层逻辑的改变，会逐步得到解决。

二、"扎根" 实践土壤， 发现研究问题

虽然我们对于管理理论和管理实践脱节的原因有了充分认识，并且为弥合两者提出了很多策略和方法。但这些策略和建议更多是高屋建瓴地改变整个管理学术生态，我们仍然不够清楚：**研究者个体如何将研究的根"扎"在实践中，发现研究问题，并凝练理论逻辑？**

为解决这一问题，我们访问了十名青年管理研究者来获取一手资料，试图找出管理研究者究竟是如何将研究的根扎在实践中。下面，我们一起来看一看"身边"的研究者是如何做的。

不可否认的是，走近甚至走进企业是扎根管理实践的最佳方式。企业环境能够为研究者提供最直接、最真实的体验，能够帮助研究者深刻理解组织中员工和管理者的行为与思考逻辑，让研究者全面了解企业的决策、运营、服务和管理模式。很多研究者都是通过在企业中

"体验式观察"或在"访谈"过程中发现研究问题，比如 Y 博士的经历：

"我自己的经验是一定要多观察工作场所的实际情况，以及大家在实际工作中遇到的难点、痛点问题。有一个方式是多跟在职场工作的同事、朋友交流。比如说我在企业调研的过程中就发现一些管理者往往有一种单线思维，就是只关注绩效而忽视员工福利或者道德之类的。带着对这个现象的观察，回到文献中，我发现了管理者的底线心智（bottom-line mentality）和这个现象十分吻合，于是就对这个现象展开了一系列研究。

再举一个例子，就是我对于创意评估和创意实施的关注。因为在现实的企业中，我发现很多人都提出了很好的创意，但却没有能力也没有资源将创意转化为实际的产品和服务。而这种失败很多时候都是因为这个创意提出者没有很好的技巧、方法和手段去推销自己的创意，基于这点，我就很想了解如何通过有效手段推动创意实施。

还有一个例子就是，我和合作者扎根于企业实践，发现在'996'的工作背景下，员工的身心健康会受到很大冲击；**于是我们从企业访谈、新闻报道中寻找灵感**，然后获得我们对于员工身心健康议题研究的逻辑起点。其实在跟企业接触的过程中，我们就发现管理者其实很希望从学术界获得有意义的研究结论来指导实践；如果我们只是做变量游戏，那我们整个生态都是很无趣的。"

遗憾的是，作为"青椒"学者，通常并没有很好的资源或者机会能够近距离地接触企业。不过，Y 博士为我们提供了**一些更便捷的策略，例如看新闻、与企业里工作的朋友交流**等。除此之外，相信**阅读财经杂志或者商业评论**也是一个让我们有机会了解企业实践的有效途径。

虽然走进企业是一种典型的管理实践体验方式，但**生活实践往往构成了我们体验的另一个重要来源**。在访谈中，一名组织行为研究的博士生透露她的硕士毕业论文灵感就是源于生活。由于在生活中注意到了"医患关系",进而细究医生处理医患关系的行为逻辑可能与其职业身份有关,她开启了对"医生群体面临职业身份威胁时情绪与行为反应"的探究。无独有偶,一名战略领域的学者 W 博士讲述她发表第一篇期刊论文经历时提道:

"我本科专业是 HR,但我的硕士导师是做公司治理研究的,刚入学的时候(我)什么都不知道,压根就不懂公司治理,所以很长时间不知道研究什么,怎么做研究。就在这时候,**一件惊天的大事发生了……那就是阿里巴巴上市,各种碰壁,被港交所拒绝,最终被逼上了纳斯达克。**我就替祖国很心疼,好好的中国企业怎么又跑到美国上市了。我就是被一颗强烈的爱国之心驱动着想要挖掘此事件背后的'黑幕',从而走向了当时很火的'创始人控制权'研究。由这一事件引发的思考,(最后)在《经济管理》上发表文章,还促成了硕士学位论文。"

三、 "破土" 而出, 构建逻辑/理论

不管是从企业实践出发也好,还是从生活体验出发,都有可能产生令人振奋的研究问题。只是,产生研究问题往往只是一个开始,如何将研究问题展开并进行研究,进而构建新的逻辑或凝练新理论呢?Y 博士和 C 博士为我们给出了他们不同的回答。在 Y 博士看来,实践固然重要,但理论是指导我们观察现象、提炼学术问题的关键,因此他认为:

"虽然我们要结合实践,但我们也不能被实践的现象所迷惑,或者被实践现象'牵引着鼻子'走,而是要**更多地站在旁观者的角度审慎观察对方(实践者)传达的信息**,并对这些信息进行有效整合。同时我们也要带着理论的思维,**在对经典的理论框架非常熟知的前提下去观察这些实践的信息**,否则我们很难将实践转化为理论。"

除了回归文献和挖掘已有理论来解决问题外,C 博士则提出,自己对生活的敏感和细致的观察,是构建新逻辑、进而发掘与之相契合的新理论的另一个重要途径:

"……我在大学的时候参加了数学建模大赛。我们团队的人都是不同学科背景的，比如经济、软件、管理等，其实大家在讨论问题的过程中会发生一些意见不一致这种情况，这样就会有一些冲突，事情进展就不会很顺利；出乎意料的是，虽然我们有很多意见上的分歧，但我们最后取得了不错的成绩，最后拿到了美国大学生数学建模竞赛的三等奖。所以，我就会思考大家认知上的多元化究竟是好还是不好？这个影响是怎么发生的？我就会根据自己的经历去感知，然后去思考这中间到底发生了什么。

我就是敏锐地感知生活，感知与每个人的交往，在这个过程中去发现问题；如果这个事情比较复杂的话，就试图思考能够解决这个复杂问题的点是什么；然后会**试图找一找有没有什么理论，或者什么逻辑能够去解释这个复杂的现象**。"

四、"双向" 循环，理论与实践互相促进

如果说 Y 博士和 C 博士仅仅是实现了理论与实践的**单线结合**，那么 Z 博士则完成了"实践到理论，理论反过来指导实践"的**动态循环**。

"以我研究社会网络而言，其实是源于博士一年级联系国外导师开始，自己联系了近 50 名老师都无效，而当求助于导师的时候很快就解决了。我还是我这个人，什么都没有改变，而完成一件事的方式却通过不同的网络去触达，这就是社会网络对人的行为结果的巨大影响……社会学理论就是'你是谁不重要，你认识谁很重要'。

接着是求职的过程，呈现了弱关系的重要作用。某高校求职的过程是通过三步网络达到的，即老师 A 推荐到老师 B，老师 B 又推荐到老师 C（对你产生巨大影响的往往是弱关系，而且三步之内触达）；以上两个都是社会网络理论告诉我的，也是**生活经验和社会学理论的相互验证**。

社会网络中的任何一个点可以是个人、企业、团队等，因而就有

了我的多研究领域的合作。可能主题在别人看来好像比较多样化，是研究者的大忌，其实都离不开社会网络在合作者之间的应用，以及社会网络节点变化在研究内容上的应用。这就是**社会网络对我的个人生活、科研合作、研究主体、个人发展和选择的指引作用。**

当我们读懂了社会网络，就会形成网络带来的协同能力，协同便可以带来人们难以想象的成就，互联网其实就是如此：互联互通，协同共生。企业和人都是如此，这就是理论的穿透力和普适性。**读懂理论，确实能告诉我们，人生十字口该选择什么，而且一定程度上能够预知这样的选择会带来的人生是什么样的。"**

事实上，每位研究者都经历过"发现问题到建构逻辑，再到凝练理论"这一复杂且需要反复迭代的过程。只是最后能否给出亮眼的逻辑或"漂亮"的理论故事，是文献积累、生活阅历、逻辑思维、敏锐洞察、灵光一闪等多方面因素综合作用的结果，也有赖于耐心、恒心、信心和慧心的共同成就——穷尽所能，我们也很难给出一个通用"公式"来复制这一过程。

不过，我们每个人都可以做到的是：**持续地比对理论和实践。**这种循环地比对实际上是在不断重复科学研究的两个基本过程：**归纳与演绎**（见图 2）。

图 2　科学研究的两个基本过程

资料来源：笔者整理。

　　通过观察实践，归纳一般性的实践现象，为构建理论做基础；进一步地，以构建的理论为指导，对管理实践进行检验，验证我们观察到的现象，如此循环往复。青年研究者 F 给我们的一些思考恰恰印证了科学研究的两个基本过程：

　　"感觉**对某一实践问题感兴趣**，就很想知道为什么。然后根据自己对这一实践问题的经验，**回到文献**，看看文献里面又做了哪些研究，现有文献是否能够解决这一问题。如果已经有解决方式，那（会思考）还有没有可以完善的。如果没有解决，机会就来了。我感觉这一过程中比较困难的就是现象往往是错综复杂的，而理论是单一的，只可能解释此现象中的某一部分。所以首次看到现象的时候我们往往是很混乱的，不知道如何与已有研究对话，对话的点是哪里。此时，我感觉我们要**再次回到现象，并对现象深入剖析**，找出自己真正要想关注的点在哪里，找出造成这一现象的本源在哪里，然后再与文献对话。当然，我感觉此时，我们的目的是什么会很大程度上决定我们所关注的方向。"

　　虽然 F 博士无法为我们提供一个完美的答案，但她却告诉了我们至关重要的一点：**现象需要与理论持续映照、激荡**。这一点也回应了陈春花（2017）提出的弥合管理与实践的"两进两出"方法论："从实践观察出问题；进到文献检验有否理论价值；检验有否理论价值之后转化成理论问题；再把理论问题回到实践中，验证这个问题的实践意义"。"两进两出"的好处就在于我们能实实在在地找到实践中的"真问题"（企业真正关心和疑惑的问题）。

　　正如科学论描述的研究过程：归纳与演绎是科学研究的两个必经过程。目前的研究范式的确让我们在"演绎"的道路上走出了优美的姿态，但却让我们对"归纳"逻辑关注不足，以致我们在理论建构上总感觉无的放矢。尽管我们阅读了无穷无尽的文献，尽管我们可能已经通过"演绎"训练提升了理论敏感性，但"归纳"逻辑的缺失对于实践到理论的升华过程却有致命的伤害。所以，**多种研究范式的结合（如叙事研究、扎根理论、内容分析、案例研究、民族志等）是我们训**

练理论建构逻辑思维能力的有效路径。

宏观层面的制度逻辑改变可以是自上而下的过程，但也可以是所有学人共同努力而实现的自下而上的过程。从实践到理论的过程是一个经由现象归纳、问题提出、逻辑演绎乃至理论发展的复杂过程，我们甚至无法穷尽所有智慧来对这一问题进行回答，只希望这些青年学者的"故事"与心得，能够为同为研究者的读者提供一点启发。我们相信，研究道路上的一丝曙光，对于在黑暗中摸索的我们都会显得无比宝贵。

作者简介：

刘军，中国人民大学首批杰出特聘教授。

朱征，中国人民大学与香港大学联合培养博士研究生。

参考文献

［1］曹祖毅，谭力文，贾慧英．（2018）．脱节还是弥合？中国组织管理研究的严谨性、相关性与合法性——基于中文管理学期刊1979～2018年的经验证据．管理世界，34（10）：208 – 229.

［2］陈春花．（2017）．管理研究与管理实践之弥合．管理学报，14（10）：1421 – 1425.

［3］李平，杨政银，陈春花．（2018）．管理学术研究的"知行合一"之道：融合德鲁克与马奇的独特之路．外国经济与管理，40（12）：29 – 46.

［4］彭贺．（2011）．管理研究与实践脱节的原因以及应对策略．管理评论，23（2）：124 – 130.

［5］彭贺．（2012）．作为研究者的管理者：链接理论与实践的重要桥梁．管理学报，9（5）：637 – 641.

（原文由微信公众号"工商管理学者之家"于2020年3月28日发表：https：//mp. weixin. qq. com/s/2uyjA – nVo91NfwFaIPWvCA。）

在实践中检验管理理论的真理性

杜运周

李志军和尚增健于 3 月 25 日在《管理世界》2020 年第 4 期"编者按"发表《亟需纠正学术研究和论文写作中的"数学化""模型化"等不良倾向》一文,呼吁中国学者"倡导立足中国实践,借鉴国外经验,着力构建有中国特色、中国风格、中国气派的学科体系、学术体系、话语体系……倡导负责任的学术研究,学术研究的目的不是自娱自乐,要有社会责任感和时代感,要为国家经济社会发展服务……"

作为管理研究者,本人深感这一倡议能够敦促管理学研究者直面中国现实问题,消除理论与实践的严重脱节,提出具有中国实践特色的新洞见。刘军教授等已先后就"如何讲好中国故事?""模型与思想的博弈与互补""把研究的根扎在实践中"等议题进行了富有洞见的讨论。接续他们的探讨,本文梳理理论与实践脱节的严重性,归纳了现代科学革命的起源与数学崇拜的产生历史背景,并进一步基于**科学实践观和现代科学观**,指出**在实践中检验管理理论的真理性的意义和研究启示**。

一、 理论与实践脱节导致管理研究信任危机

现代科学的巨大成功,无疑奠定了数学分析思维的合法性和权威地位,这对管理学等社会科学的主流研究范式也产生了深刻影响。特

别是起源于实践的管理学，在科学范式上具有先天的不足。于是乎，20世纪50年代后期，美国福特基金会和卡内基基金会的报告对商学院缺乏学术素养进行了猛烈的抨击。由此，从20世纪60年代和70年代开始，管理学等研究领域做出承诺，更加重视严谨和规范的分析，管理学研究开始大量从其他基础学科引入更为严密的数理方法，将提升自己的科学化水平，**获得其他学科的认可成为管理学的主要目标之一**。应该说，这一发展路径有它的积极作用，也促进了学科的快速发展。然而，近些年来伴随着数理方法的过度泛滥和学术评价体系的指挥棒作用，管理学科似乎逐渐陷入"为模型而模型""为理论而理论"的困境（Hambrick，2007）。管理学科同样存在的"唯 A（刊）""唯SCI""唯SSCI"现象的背后，似乎表明管理学的研究目标是获得同行认可、其他学科领域的认可、权威认可，而不是致力于解决管理实践问题。

这种现象严重到，理论与实践犹如两条平行线，井水不犯河水。专注于发表理论文章的 AMR 两位副主编 Ployhart 和 Bartunek（2019），在阅读流行的商业期刊后发现，AMR 和其他期刊的理论文章就没有被主流商业期刊引用过，AMJ 的实证文章也只是很少被商业期刊引用。换句话说，管理学众多研究成果，并没有对实践产生实质影响。在这一背景下，呼吁"现象驱动的研究"刻不容缓。

管理学在数学化、模型化上大踏步前进的同时，遭受到前所未有的"管理研究信任危机"。有些学者直接呐喊，"顶尖学者请停止错误的示范"（Harley，2019）。2020年国际管理学会的年会主题，也开始呼吁管理学者拓宽视野，反思"唯 A"导向的问题，整合理论与实践的关系（Aguinis，2020）。

二、 现代科学革命的起源与数学崇拜的产生

现代科学革命的起源是在 1500 年到 1750 年的欧洲，这一时期，

科学巨匠不断涌现，科学迅速发展。**科学革命之前，亚里士多德主义主导着西方世界观**。1542年波兰天文学家哥白尼发起对亚里士多德核心世界观（宇宙的地心说）的攻击。哥白尼提出，宇宙的太阳中心说——地球和其他行星都在围绕太阳的轨道上运行。**伽利略**是哥白尼学说的支持者。1590年，伽利略在比萨斜塔上做了铁球实验，推翻了亚里士多德"物体下落速度和重量成正比"的学说。**伽利略被公认为现代物理学第一人，也是显示数学语言可以用于描述物质世界真实物体运行的第一人**。在这之前，数学被认为仅可描述纯粹抽象世界，因此不适用于物理实在。

　　伴随着牛顿科学革命的高峰，数学也一起成为了现代科学的权威手段。牛顿发明了**微积分数学**，并以极高的数学精度和严谨性阐述了三大运动定律和万有引力原理。牛顿的代表作就是1687年出版的《**自然哲学的数学原理**》。牛顿同意法国哲学家、数学家笛卡尔机械哲学的观点，但他试图改进笛卡尔的运动定律和碰撞规则，并将之前的理论，统一在他的运动和万有引力定律之中，这些牛顿定律就是采用精确的数学阐述的（Okasha，2002）。

　　由于牛顿理论的巨大成功，牛顿物理学在后续**200年间，为其他科学提供了基础框架**，并至今影响着管理学研究范式。科学界也一度信心满满，普遍认为牛顿理论揭示了大自然的真实运作，其他学科都能还原到牛顿物理学。改革开放后，西方现代科学和管理学研究范式引入中国，**数学化、模型化也很快成为管理学研究的主流范式**。

三、 理论与实践脱节的问题开始受到关注

　　管理研究中由于过度数学化和模型化，加剧了理论与实践的严重脱节，这一问题已经引起国内外领先管理学期刊和管理学者的重视（陈春花、吕力，2017）。在国际上，包括AMR等期刊在内的主编也开始撰文批评唯理论驱动的研究，提倡现象驱动的研究（Ployhart and

Bartunek，2019）；国内一些顶级期刊如《管理世界》《管理学报》等，也不断地通过主办案例论坛、管理实践会议，鼓励现象驱动的管理学研究、呼唤新的研究范式。

国家自然科学基金委员会也对申请项目的科学属性进行了分类界定与评审，四大分类中的"需求牵引，突破瓶颈"类别，尤为强调"科学问题源于国家重大需求和经济主战场，且具有鲜明的需求导向、问题导向和目标导向特征，旨在通过解决技术瓶颈背后的核心科学问题，促使基础研究成果走向应用"。

其实，在哲学和方法论上，关于理论与实践关系的讨论历来有之。1509 年，明朝思想家王守仁就提出了"知行合一"的思想（李平等，2018）。1845 年春，马克思在布鲁塞尔写成《关于费尔巴哈的提纲》，其中就明确指出**"人的思维是否具有客观的真理性，这不是一个理论的问题，而是一个实践的问题"。方法论学者 Guba 和 Lincoln（1982）批判性地指出："按照主流的定量科学研究范式，必然走向理论与实践的脱节。"**

与此同时，我们也发现，国内受到"唯 SCI"等考评制度的影响，"唯论文"现象突出。理论与中国实践脱节的问题，相较于国外管理学界或许更加严重。因此我们有必要去讨论数学化与理论和实践的关系，揭示"自娱自乐"研究倾向产生的原因，提出新的研究倾向。

四、 数学和模型是产生管理理论的辅助而非充分或者必要条件

数学和模型有助于清楚地表达理论关系。但是要用数学和模型表达理论关系，就依赖于对现象的一系列抽象假定。形式逻辑的目标是避免矛盾，前后一致，但是这并不必然产生真知（truth）。因为关系的可证伪性包括逻辑充分性和经验充分性，前者要求管理学者必须在命题和假设中包含一个明确的陈述，说明前因是结果的必要、充分或充

要条件；后者要求关系在经验上存在被否证的可能（Bacharach，1989）。

换句话说，包括数学和模型在内的形式逻辑，可以帮助学者避免前后矛盾，在逻辑充分性上支持真知的产生，但是形式逻辑不是产生知识的充分条件（穆勒，2014），甚至不是必要条件。相反，管理学者需要区分先验知识与后验知识、形式科学与经验科学的区别。

数学属于形式科学，它可以不依赖经验，通过推理产生先验知识，这种科学可以去情境化。但是管理活动作为人的社会活动，必然与人的感官体验和价值观有关，管理知识作为后验知识，不应该期望去情境化。

所有理论都受到其边界假设约束，包含理论家的隐含价值观和时空的明确限制。价值观通常是理论家的创造性想象和意识形态取向或生活经验的特殊产物。也就是说，理论在价值观层面是不可比较的。一个理论要被正确地使用或测验，就必须了解理论家蕴含的价值观。理论家不同的价值观对于组织理论构建具有不同影响。社会学家韦伯指出理论隐含的假设具有价值观负载的本质，并且是不可消除的（Bacharach，1989）。

虽然，普适性是科学家的目标。但在社会科学中，强调普适是一个很大问题。因为社会文化或政治差异存在的情况下，认识普适性的局限很有价值（Linton，2020）。因此，数学化、符合一致性的形式逻辑，不保证就产生充分的管理知识。

特别是，如果数学的假定不符合管理现实时，这种模型的弊端就凸显了。比如一些数学模型研究管理现象要求随机抽样、假定现象是可分的、自变量间独立起作用等，这通常并不符合管理现实，通过数学等科学范式必然产生理论与实践的脱节（Guba and Lincoln，1982）。

哲学家约翰·密尔甚至认为，产生真知的途径只有一条，即从经验推断产生。他认为只要经验可靠，就一定可以归纳，并检验其是否可靠。

五、 实践才是检验真理的标准

如果说管理理论的科学标准是可证伪性，那是实践证伪理论，而不是理论证伪理论。这既是马克思的科学实践观，也是现代科学观。

1845年春，马克思写成了批判费尔巴哈的11条提纲：《关于费尔巴哈的提纲》（以下简称《提纲》）。《提纲》的重大意义在于它确立了科学的实践观。马克思在《提纲》中揭示了社会活动的实践本质，指出了人的社会性本质。马克思批判了"从前的一切唯物主义包括费尔巴哈的唯物主义的主要缺点是：对事物、现实、感性，只是从客体的或者直观的形式去理解，而不是把它们当作感性的人的活动，当作实践去理解"。认为"人的思维是否具有客观的真理性，这不是一个理论的问题，而是一个实践的问题。人应该在实践中证明自己思维的真理性，即自己思维的现实性和力量，自己思维的此岸性"。

Popper（1959）指出：一个经验主义的科学理论体系必须有可能被经验驳倒。在经验科学中，理论与实践是对立统一的关系。理论是关于实践的抽象陈述，时刻准备着被实践否证，实践通过否证理论促进管理理论的发展。

六、 几点启发

好的理论需要满足两条标准：可证伪与实用（Bacharach，1989）。实用确保管理理论服务于人的目的，把科学手段等同于科学目的，把理论与实践二分、定性与定量二分、学者与实践者二分是导致管理理论与实践脱节的重要原因。为了改进理论与实践脱节的问题，需要树立新的研究倾向。认识到：

（1）理论真理具有暂时性特征，数学模型和理论不是目的，改造实践才是。翻开科学的发展历史，我们会发现数学工具及其发展起来的理论真理的暂时性特征，一个发现推翻另一个理论，但它本身也是暂时的"真理"。理论的真理性在于它的实践性。

（2）定量分析方法帮助理论建构严谨的分析逻辑，但是扭曲现象去"附和"数学模型，会导致理论与实践进一步脱节。管理研究需要更多关注定性与定量结合的方法。定量方法的严谨性帮助构建逻辑充分性和分析共性特征，定性方法对实践和现象的丰富描述，有助于准确深入理解研究对象的独特性。

（3）人是社会人，研究者及其研究对象、制度背景都具有时空边界。管理学研究需要关注情境。数学等形式逻辑，可以产生先验知识，可以有助于形式逻辑的建立，但是不能以牺牲后验的经验知识和实践为代价。

作者简介：
杜运周，东南大学经济管理学院教授。

参考文献

［1］Aguinis, H., et al. （2020）. "An A is an A"：The new bottom line for valuing academic research. Academy of Management Perspectives, 34 （1）：135 – 154.

［2］Bacharach, S. B. （1989）. Organizational theories：Some criteria for evaluation. Academy of Management Review, 14 （4）：496 – 515.

［3］Guba, E. G., & Lincoln, Y. S. （1982）. Epistemological and methodological bases of naturalistic inquiry. Educational Communication & Technology Journal, 30 （4）：233 – 252.

［4］Hambrick, D. C. （2007）. The field of management's devotion to theory：Too much of a good thing? Academy of Management Journal, 50 （6）：1346 – 1352.

［5］Harley, B. （2019）. Confronting the crisis of confidence in management studies：Why senior scholars need to stop setting a bad example? Academy of Management Learning & Education，18（2）：286 - 297.

［6］Linton，J. D.（2020）. The limits of generalizability：Why good theory can have bad outcomes? Technovation，89，102096.

［7］Okasha，S.（2002）. Philosophy of Science：A Very Short Introduction. New York：Oxford University Press.

［8］Ployhart，R. E.，& Bartunek，J. M.（2019）. Editors'comments：There is nothing so theoretical as good practice——A call for phenomenal theory. Academy of Management Review，44（3）：493 - 497.

［9］Popper，K. R.（1959）. The Logic of Scientific Discovery. New York：Harper & Row.

［10］陈春花，吕力.（2017）. 管理学研究与实践的脱节及其弥合：对陈春花的访谈. 外国经济与管理，39（6）：12 - 22.

［11］李平，杨政银，陈春花.（2018）. 管理学术研究的"知行合一"之道：融合德鲁克与马奇的独特之路. 外国经济与管理，40（12）：28 - 45.

［12］［德］马克思，恩格斯.（1995）. 马克思恩格斯选集（第一卷）. 北京：人民出版社：54 - 57.

［13］［英］约翰·斯图亚特·穆勒.（2014）. 逻辑体系（一）（郭武军，杨航译）. 上海：上海交通大学出版社.

（原文由微信公众号"工商管理学者之家"于 2020 年 3 月 29 日发表：https：//mp. weixin. qq. com/s/FjINgK4s - GBn7rRbWv5lEg。）

坚定中国企业实践研究的学术自信

陈春花　　马胜辉

在《管理世界》"3·25"倡议中，李志军、尚增健特别呼吁中国学者"立足中国实践，借鉴国外经验，面向未来，着力构建有中国特色、中国风格、中国气派的学科体系、学术体系、话语体系，反对照抄照搬外国模式。坚定学术自信，反对崇洋媚外"。作为回应，我们认为有必要探讨如何坚定中国企业实践研究的学术自信。或者说，在具体的研究中，我们应该如何构建这种学术自信？基于对这一问题的思考，我们认为中国企业实践研究的学术自信主要源于以下五个方面。

一、 体察中国实践的独特性和领先性， 直面本土管理现象

如果不深刻认识到中国企业实践的独特性和领先性，"立足中国实践"的研究将无从谈起。我们认为，这些独特性和领先性主要体现在三个方面：

首先，在当今互联共享的时代，互联网技术对人们的生活和工作方式带来了巨大改变，也因此对传统的组织管理和商业模式造成了巨大冲击。**中国企业在融入和塑造当今互联共享的商业环境中扮演着主导者的角色，占据了管理实践的领先性，而不再是跟随西方的实践模式。**

这其中涌现了一大批独具特色的新兴企业，如小米、腾讯、阿里巴巴、美团等。中国巨大的本土市场和互联网用户为这些新兴商业实践的探索和发展提供了基础。而这些商业实践也极大地改变着人们的生活方式。我们亟需理解本土的这些领先的管理实践，探索传统企业如何基于互联网技术进行转型和变革。

其次，**中国企业实践的产生和发展面临着独特而复杂的本土化环境**。这包括特殊的政治经济背景、市场环境、社会整体转型、文化传统和哲学等。这些本土化环境可能是西方企业未曾经历过的，因而可能催生全新的管理实践。

例如，不同于发达的西方国家，在中国特有的政治经济制度下，政府机构在企业的战略规划和公司治理中发挥着重要作用（Keister & Zhang，2009），包括协助其辖区的企业应对外部环境，甚至直接参与企业经营。但由于目前的战略管理理论主要源自西方国家，这些理论主要从企业的视角出发，集中于分析市场和技术环境对战略的影响，而很少关注政府在企业战略中的参与（Pearce et al.，2009）。

本土文化环境是中国管理实践产生和发展中的另一个独特影响因素。作为本土管理实践的践行者和创造者，中国的企业家和管理者深受本土文化和思维观念的影响（席酉民、韩巍，2010），因此，我们需要深入了解中国管理者所面临的挑战，了解他们的管理哲学和认知结构，以及这些如何影响他们的管理行为。例如，许多中国管理者深受儒家、道家、法家等传统治道的影响，但学界对这些传统如何具体化在他们的管理实践当中仍然知之甚少，更不用说这些实践的有效性和可复制性了（Ma & Tsui，2015）。

最后，在改革开放以来的高速经济增长下，中国企业不断与国内外环境互动，并进行着管理实践的创新，成就了许多优秀的本土企业。有些企业甚至是全球范围内的行业先锋，能够领先所在的行业持续稳定地增长。**这些企业的成功不再仅仅是依赖对市场、营销、技术、质量或成本等单一要素的把握，而是形成了自己卓有成效的管理模式**

（陈春花，2010）。

特别是，在中国正在进行的产业转型和升级的背景下，一些领先企业能够不断调整自身结构和战略进行持续增长，例如美的、华为、联想、海尔等。虽然我们对于这类企业有大量的讨论，但大多是在媒体或者报纸杂志上，而对它们独特的管理实践的学术研究仍然不足。因此，未来的研究需要深入分析这些领先企业用于构建竞争优势、保持持续快速增长的管理实践。

直面中国现象，基于本土实践的研究能够对中国企业中所存在的，尤其是那些不同于西方的实践提供一个全面的认识，从而呈现本土实践和盛行的西方管理实践之间的差异。

二、 回归管理的元问题， 重新检视西方理论的基本假设

中国企业实践的独特性和领先性，为回归管理的元问题并构建新理论提供了契机。长期以来，国内研究主要集中于完善、延伸和拓展引进的西方理论。而要建立中国企业实践研究的自信，则需要对已有理论的基本假设进行检视，探讨其用于解释本土实践的合理性。**这要求在研究中，我们要敢于回归管理的元问题，追问其答案究竟是什么？西方已有理论对这些问题进行考察所依赖的假设和前提，是否还有效？**这样的研究导向将有助于构建新的理论，而不是单纯对已有理论进行验证和完善（Alvesson & Sandberg，2011）。

在这方面，陈明哲教授创建动态竞争理论的过程极具借鉴意义（陈明哲，2016）。在 20 世纪 90 年代，陈明哲意识到当时的战略理论对竞争的描述（包括对产业结构和资源能力的理解）都极为静态，与现实中观察到的动态而复杂的竞争行为极为不符。这促使他不断追问"竞争是什么"这一元问题，并提出了更符合现实观察的洞见，将竞争描述为企业间不断的"行动－响应"。正是基于对竞争本质的追问，促

使陈明哲能够颠覆已有竞争理论的基本假设,通过一系列研究构建了动态竞争理论,使之成为当今战略管理领域最重要的理论之一。

前面我们探讨了中国企业实践的独特性和领先性,这意味着中国学者面临着大量新兴的管理现象,为回归管理的元问题、检视已有理论的基本假设提供了良好机会。例如,在高度共享的经济环境中,甚至在当前背景下出现共享员工的情况,"组织"到底应该如何定义?组织的边界如何界定?组织与环境究竟是什么关系?随着大量基于互联共享技术的商业模式不断涌现,我们是否需要重新定义什么是商业模式?当基于网络技术和数据运算的平台性、开放性和协同性逐渐成为组织的新特征,传统意义上用于协调员工的"组织结构"到底应该如何定义,以及协调员工的管理者的工作内容发生了什么变化(Davis,2015a)?在个人价值崛起而组织忠诚度下降的情形下,个人与组织到底是什么关系?当企业呈现平台化、不断构建以其为核心的生态系统,企业间的竞争应该如何理解?

在关注到中国一系列新兴的企业实践时,**学者们有必要回归组织和管理理论的一系列元问题,重新审视已有理论的有效性和解释力,并以这些新兴实践为源泉,构建具有这一时代特点的管理新概念和新理论。**

三、 发掘中国传统智慧, 为解释本土现象提供更精准的语汇和视角

任何社会现象都是深刻地嵌入在特定文化之中的,企业经营与管理更是如此。然而,随着西方理论的引进,西方文化的语汇、概念、思维方式开始占据学术的场域。在这样的学术场域中,中国人独有的思维方式、行为模式和情感特质很难得到精准的描述,从而限制了对中国管理实践进行深刻地呈现和探讨。

例如,Li 和 Liang(2015)的研究发现,因为受儒家"修身、齐

家、治国、平天下"人生哲学的影响，中国民营企业家更乐意在事业成功后寻求政治领域的职位和影响。然而，这一儒家传统很难用西方关于人生价值和职业发展的语汇去表达。因此，只有突破西方语境，直接运用中国特有的语汇和概念，才能准确地描述这些中国企业家追求政治影响力的动机和行为。

因此，**要建立中国实践研究的自信，需要学者们敢于突破西方语汇的局限，在研究中直接采用中国文化的语汇和概念，在传统智慧中寻求启发和灵感**。可喜的是，一些中国学者已经进行了开拓性的研究，将中国文化中的"关系"（Xin & Pearce，1996）、"关系哲学"（Chen & Miller，2011）、"家长式领导"（樊景立、郑伯埙，2000）、"儒家伦理"（Li & Liang，2015）等概念运用到对中国管理现象的探讨，使其理论构建极具创新性和解释力。而且，这些概念被介绍到国际学界，也产生了极大的影响，引起了国际学者的重视和探讨。

中国学者的自信正源于此，通过发掘中国文化和传统智慧，能够为解释本土现象提供更贴切的语汇和视角。同时，这些东方语汇和视角，也将丰富全球学术场域的多样性，从而为新理论构建和发展提供更多的可能性。

四、 贴近本土实践， 为中国企业提供更具价值的指导和建议

长期以来，国内学界试图改变"对中国经济与社会发展插不上嘴"的局面（郭重庆，2008）。我们认为，立足中国实践的研究，能够改善这一局面，为中国企业提供更具价值的指导和建议。

必须明确的是，虽然基于中国实践的研究直面本土现象，其目的仍在于描述现实和理论构建，而不是解决具体的管理问题。同时，研究者并不具备解决具体问题的现场知识和相关技能。因此，和大多数研究一样，基于实践的管理研究很难为管理者提供具体的解决方案。

　　然而，对本土实践的深入研究，能够为管理者提供极具价值的概念性工具和理论框架，促使他们去反思自身的实践，以及去思考所面临的具体问题和处境。也就是说，**基于实践的研究，通过提供对管理实践的逻辑及相关活动更好的理解，影响或指导管理者的实践活动**（陈春花、马胜辉，2017）。

　　具体来说，基于中国实践的管理研究的现实指导价值主要表现在三个方面。首先，**通过呈现不同的管理实践在不同情境中的运用，对本土实践的深入研究可以让管理者对自身管理活动进行反思，并意识到新的或不同的管理实践的存在，从而开拓自己分析问题和解决问题的思路。**

　　管理者通常沉浸在管理活动当中，而很难对自己习以为常的管理方式和活动进行真正的反思。通过对管理实践及其相关活动的描述和相关作用机制的解释，研究者可以为管理者呈现采取不同实践和不同行动的可能性，以及这些可能性存在的优势和局限。

　　其次，**基于中国实践的本土研究可以为管理者呈现他们在管理实践中可能忽视的因果关系、作用机制和负向效应。**对于个体在实践中所面临多种因素的整体性关注，使相关研究能够更全面地呈现特定实践的复杂性和多种不同的作用机制。如果意识到这些复杂性和作用机制，将有助于管理者更好地理解自己所面临的问题和处境。

　　最后，**基于实践的本土研究能够为管理者提供新的语汇或概念，使他们能够以一种新的视角去看待相关的实践问题，从而采用新的方式去灵活运用这些管理实践，发挥其在现实中的主观能动性。**因为是基于本土实践所构建出来的，这些新的语汇或概念更有可能为本土管理者所接受，从而使他们在实践中运用这些语汇或概念去思考、探讨和解决相关问题。

　　能够提供对本土企业更具价值的指导和建议，不仅能扩大学术研究的影响力，更是学者的历史使命和社会责任。正因为基于中国实践的研究能够在以上三个方面有助于达成这一目标，我们应该更坚定这一研究导向的学术自信。

五、 坚持中外学术对话， 以中国实践研究推动全球管理理论发展

建立中国实践研究的学术自信离不开中外学术对话，并推动全球管理理论发展（贾良定等，2015）。否则，我们的研究将会变成自说自话，学术自信也会变成盲目自信。

这种学术对话的基础，是基于中国实践的研究具有贡献全球管理理论的巨大潜力。管理理论的发展和创新不足不仅是中国管理学界的独有现象，而是国际学界的普遍现象。在反思和展望中，回归管理现象和管理问题本身被认为是进行理论创新的关键（Davis，2015b）。在这种背景下，**贴近中国本土的管理实践不仅能够提高我们对本土管理现象的认知，更是带来了中国管理研究能够贡献全球管理理论创新的历史机遇。**因为新理论通常源于对新的管理现象和管理实践进行解释，中国大量新兴的管理实践为本土研究回归元问题、进行理论创新提供了第一手资料。

例如，基于对中国四个大型国企的案例研究，郭依迪等学者（Guo et al.，2017）探索了在中国政治经济环境下，企业是如何管理区域政治环境从而实现市场目标的。他们发现了中层管理者在这一过程中所采取的两类管理实践（即管理政治环境和管理经济环境）。这一研究有效地解释了中国中层管理者在管理政治环境中的实践和角色，弥补了以往研究只关注管理经济环境的不足，从而对关于中层管理者的理论做出了贡献。**这样的理论构建，既能够有效地解释本土现象，又能够为全球管理理论提供新的见解和观点，并与之融为一体。**

在中国企业实践的研究中坚持与国际学者对话，不仅能够使本土研究为全球管理知识贡献新的理论和观点，还能够推动国际学者对中国现象的关注，将中国的管理问题国际化（黄光国等，2014）。基于

巨大的市场和企业数量，中国实践因其现实影响力必然是国际学者关注的重点话题。而在研究中持续和现有理论结合和互动，有利于促使国际学者看到研究中国管理实践对于发展管理理论的价值。

如上所述，因为新的实践常常催生新的理论，中国企业实践的独特性和领先性意味着可能有许多新的管理理论会从中国的管理实践中被发掘，正如科学管理从美国企业实践中被发掘，精益管理在日本的企业实践中被发掘一样。当国际管理学界看到对中国企业实践的研究能够呈现具有独特性的管理现象，看到本土研究对推动一般性理论发展以及构建新理论的契机，必然会参与到相关的研究当中，从而反哺对本土管理的研究（黄光国等，2014）。

而因为对实践的深入研究要求研究者能够近距离接触这些实践，从而获取最鲜活的数据和资料，中国本土学者在这些独有的管理实践的研究中将占据天然优势。如果能够在此基础上发掘新的理论，中国将有机会在全球管理研究中实现"弯道超车"（章凯等，2014）。

归根结底，学术自信来源于学术研究能够真正提供理论贡献和现实意义。通过以上五个方面的探讨，我们希望能够进一步明确立足中国企业实践的研究为何能够达到这样的目的，从而坚定学者对坚持这一研究导向的信心。

作者简介：

陈春花，北京大学国家发展研究院 BiMBA 商学院院长、王宽诚讲席教授。

马胜辉，复旦大学管理学院企业管理系副教授。

参考文献

［1］Alvesson，M.，& Sandberg，J.（2011）. Generating research questions through problematization. Academy of Management Review，36（2）：247－271.

［2］ Chen, M. J., & Miller, D. （2011）. The relational perspective as a business mindset：Lessons from east and west. Academy of Management Perspective, 25 （3）：6 – 18.

［3］ Davis, G. F. （2015a）. Editorial essay：What is organizational research for? Administrative Science Quarterly, 60 （2）：179 – 188.

［4］ Davis, G. F. （2015b）. Celebrating organization theory：The after – party. Journal of Management Studies, 52 （2）：309 – 319.

［5］ Guo, Y., et al. （2017）. How middle managers manage the political environment to achieve market goals：Insights from China's state – owned enterprises. Strategic Management Journal, 38 （3）：676 – 696.

［6］ Keister, L. A., & Zhang, Y. L. （2009）. Organizations and management in China. Academy of Management Annals, 3 （1）：377 – 420.

［7］ Li, X. H., & Liang, X. Y. （2015）. A Confucian social model of political appointments among Chinese private – firm entrepreneurs. Academy of Management Journal, 58 （2）：592 – 617.

［8］ Ma, L., & Tsui, A. S. （2015）. Traditional Chinese philosophies and contemporary leadership. The Leadership Quarterly, 26 （1）：13 – 24.

［9］ Pearce, J. L., et al. （2009）. The effects of governments on management and organization. Academy of Management Annals, 3 （1）：503 – 541.

［10］ Xin, K. R., & Pearce, J. L. （1996）. Guanxi：Connections as substitutes for formal institutional support. Academy of Management Journal, 39 （6）：1641 – 1658.

［11］ 陈春花. （2010）. 当前中国需要什么样的管理研究. 管理学报, 7 （9）：1272 – 1276.

［12］ 陈春花, 马胜辉. （2017）. 中国本土管理研究路径探索——基于实践理论的视角. 管理世界, （11）：158 – 169.

［13］陈明哲．（2016）．学术创业：动态竞争理论从无到有的历程．管理学季刊，（3）：1－16．

［14］樊景立，郑伯埙．（2000）．华人组织的家长式领导：一项文化观点的分析．本土心理学研究，（13）：126－180．

［15］郭重庆．（2008）．中国管理学界的社会责任与历史使命．管理学报，5（3）：320－322．

［16］黄光国，罗家德，吕力．（2014）．中国本土管理研究的几个关键问题——对黄光国罗家德的访谈．管理学报，11（10）：1436－1444．

［17］贾良定，尤树洋，刘德鹏，郑祎，李珏兴．（2015）．构建中国管理学理论自信之路——从个体、团队到学术社区的跨层次对话过程理论．管理世界，（1）：99－117．

［18］席酉民，韩巍．（2010）．中国管理学界的困境和出路：本土化领导研究思考的启示．西安交通大学学报（社会科学版），30（2）：32－40．

［19］章凯，张庆红，罗文豪．（2014）．选择中国管理研究发展道路的几个问题——以组织行为学为例．管理学报，11（10）：1411－1419．

（原文由微信公众号"工商管理学者之家"于2020年3月30日发表：https：//mp．weixin．qq．com/s/URo0Rp－Q0Fh7z－lITT5iEg。）

做实践者看得懂的管理研究

陈春花　　朱　丽

"倡导写文章要深入浅出，坚持简单性原则，把复杂问题简单化，反对把简单问题复杂化，把明白的东西神秘化。文章是让别人看的，要让读者看懂、看明白，反对卖弄博学、故作高深。不要老想着'我多么高明'，而是要采取与读者处于完全平等地位的态度。"

——李志军、尚增健（2020）

在现实研究工作中我们可以了解到，管理研究学者们一方面认为中国的管理问题应该有中国的解决之道，但是另一方面又以西方的价值标准来分析和评价中国的管理问题。一个典型的现象是中国管理学界的研究，都以能否在国际一流期刊发表为评价标志，鲜有用中国管理实践来评价的；都以在国际一流管理期刊发表过论文而骄傲，少有以解决了中国企业的管理问题为荣的。更有甚者，那些被称为重要的管理期刊，几乎没有企业家或者经理人去看，因为他们觉得看不懂；而被经理人和企业家反复阅读的期刊，在管理研究者看来则是不上档次的（陈春花，2010）。

造成这种情形的因素有很多，其中一个重要因素是，百年现代管理学史，在某种意义上就是西方现代管理思想史，寻求西方管理标准检验的确是可见的选择。20世纪的中国由于"闭关锁国"错过了"工业革命"，也因此错过了现代管理史约一个世纪。1966年的《财富》

指出"工业化属于 19 世纪，管理属于 20 世纪。管理在 19 世纪几乎无人知晓，但现在却已经成为了我们文明活动的中心"。中国管理一直都没有自己的"鞋子"，导致研究学者选择借助西方管理理论"削足适履"。

但是，我们越来越清醒地认识到，对于管理研究者而言，首先需要回答的问题是：管理研究到底需要承担什么职责，贡献什么价值？今天，中国管理研究虽然逐步与西方接轨，但是离中国企业实践却渐行渐远。落后的管理研究和中国管理蓬勃发展的管理实践不相匹配的现象，需要我们去深入反思（周云杰等，2017）。因此，管理研究学者必须回到管理学科本身、面向中国管理实践来回答这个问题。管理学科的基本属性是其实践性，正是这一属性特征，要求研究学者必须建立其与实践者的有效对话，而其中的关键就如开篇我们引用《管理世界》李志军社长和尚增健总编所言的那样，文章要让别人看懂。下面我们来探讨如何做到这一点。

一、 框定问题优于研究方法， 解决学术语境的实践困境

通过近 30 年与企业实践者近距离接触的研究历程，我们切身感受到管理研究与企业实践语境存在着很大差异，甚至可以说是严重脱节。为什么实践者听不懂学术研究，因为两者语境不同。学术研究中所形成的一套系统、规范的研究方法更有助于寻找现象背后的机理，这一点我们从不质疑。但是在过去 30 多年的管理研究发展中，我们走到了一个极端点，即只有方法而没有价值，甚至很多博士、硕士的研究论文是不需要证明的结论，这种现象所带来的可怕的结果是：学生受到的训练是做不证自明的研究，方法规范但是问题空虚；学术界满足于在规范性上做极大的努力，获得学术界对自己的认可，并不关心企业实践所面对的挑战（陈春花，2010）。

面对真实的管理场景，管理实践所遇到的问题，其表现形态、内涵、特征都与学术语境完全不同，有时甚至会产生冲突。例如，管理研究更关注共性特征，管理实践则更关注个案；管理研究需要有文献支撑，管理实践则关注打破经验；管理研究在意假设条件，管理实践常常处在"没有条件创造条件也要上"的现实中。所以，我们需要正视：学术语境与真实实践是存在差异的。

实践更关心问题以及问题的解决方案，他们不关心是否能够创立一个新概念，在意的是通俗易懂；他们不在意研究方法本身，在意的是研究所关注的问题是否是真实的问题；他们不在意研究所设定的边界，在意的是边界条件的变化。学术按照自己的范式与话语体系展开学界内的对话，价值是显而易见的，但是到了实践领域，价值却无法体现出来，其原因就是学术语境与实践现场之间的巨大差异。

多年来我们一直沉浸在那些引领管理实践变化，并创造出无数价值的经典著作中，比如泰勒的科学管理原理解决了劳动效率最大化的问题；韦伯的行政组织解决了组织效率最大化的问题；赫茨伯格的双因素理论解决了激励与满足感之间的关系问题；波特的竞争战略解决了企业如何获得竞争优势的问题；德鲁克让我们了解到知识员工的问题。这些经久的研究，正是基于对管理实践中问题的提炼，然后与美国企业进行有效互动，带动了美国管理实践的高速发展，并引领了世界管理的方向。戴明的质量管理，日本的精益制造，同样是推动日本经济发展的理论基础。

这些经典研究告诉我们，管理研究如果要贡献价值，需要框定"真问题"，才能够有与实践产生对话的可能性。同样也说明了学术研究与管理实践能够协同创造价值，其核心是对真实管理问题的研究与解答。

二、 遵循学术逻辑自洽， 更要回归管理实践

如何避免管理研究与实践脱节，已经成为全球管理学发展所面临

的共同难题。学术研究在意自洽性，管理实践更在意绩效结果，两者之间的核心价值点完全不同（陈春花，2017）。为什么我们的管理研究和管理实践之间的鸿沟巨大，就是源于两者分别处于两个不同的价值体系中。美国管理学会徐淑英教授应邀于2018年12月15日在第二届量子管理（上海）论坛中发表的"负责任的工商管理研究"中指出，"从当前的全球商学院研究生态来看，有以下三个根深蒂固和相互交叉的规则：第一，学院的声誉或认证指标取决于发表论文数量而非研究的内容；第二，期刊看重理论性和新颖性而非可重复性的发现和有意义的问题；第三，学者的薪酬职称主要取决于学术发表而非创造帮助企业成长和造福社会的知识"。

获得自洽性，是研究学者非常重视的问题，也是学术成果发表的关键影响因素。在研究过程中，为了获得自洽性，出现了为假设而假设、为建模而建模、为文献而文献的现象，研究者不断在一个自我设定的体系里循环，最终找到符合规范的完整架构。研究者常常为了获得自洽性，忘了最初要研究的核心问题是什么，不再关心问题对实践的帮助和影响，而是尽力去理解期刊发表的研究范式是什么，甚至有研究生直接去分析期刊发表的规律，寻求发表的捷径，根本不考虑研究的真实价值，而是为发表而自洽。

但是，实践者们关心的是绩效结果。从实践的角度来讲，他们并不关心这个自洽性，更关心如何可以应用研究在实践中求得结果。所以实践者们不关心假设与建模是怎么提出来的，不在意文献上能不能支撑，而是非常关心执行和结果是什么，即绩效结果如何获得。如果我们不深入观察管理实践，这些满足自洽性的研究对实践者而言是毫无意义的。

Pugh和Hickson（2007）的《组织领域的伟大作家》（*Great Writers on Organizations*），介绍了65名20世纪以来极具影响力的管理学理论家。根据这本书的介绍，这些管理学理论家都是对他们所处的时代的社会问题的密切观察者，亲身经历了组织的一些生产问题，或者困惑于观察到的各种组织形式和实践变异。他们之所以在管理学界拥有深远影响，就在于理解并帮助了管理实践解决难题，找到了那个年代管理实践者们面对问题的相关对策。这启示着我们，伟大管理思想的诞生源于对实践困惑问题的解决。

如果管理研究学者一直在自己构建的世界中，通过构建精致的模型和炫目的方法，脱离企业现实困惑而去追求所谓的学术理想和逻辑自洽，这将会变成我们面临的最大危机。

三、 训练概念力， 将复杂问题简单化

曾经有人问笔者之一，做总裁和做教授有什么区别？回答说："教授是把一句话变成八句话说，简单问题复杂化；总裁是把八句话变成一句话说，复杂问题简单化。"这虽然是一句戏语，但也的确是笔者转换总裁和教授两种身份时所感受最深的不同之处。学术关注"穷尽要素关联"，把简单问题复杂化；实践关注"核心要素"，把复杂问题简单化。管理实践与管理研究之间的一个巨大差异也就在这里：管理实践强调复杂问题简单化（陈春花，2010）。

学者们在研究中非常关注要素之间的关联和影响，并且希望能够验证这些要素的相关程度，力图把这些关联整理清楚，从而获得完整的、体系性的认识和结论。但是管理实践关注的却是如何简化要素之间的关联，找到核心要素来解决问题。总裁最关注的就是获得绩效，通过关键因素的把握和解决提升整体竞争力。所以，把复杂问题简单化的概念性能力，是领导者最重要的技能。只有把复杂问题简单化，下属才能有效执行。

我们还要强调的一个关键点是：没有将复杂问题简单化，研究并未真正完成。从研究的角度来看，穷尽要素及其之间的关联，这个习惯并没有什么错误，但是如果只停留在这种思维习惯和研究训练中，则容易与实践相悖。研究还需要在此习惯和训练的基础上再进一步：

简单问题复杂化之后，再把复杂问题简单化，让其真正能被实践者所理解，为实践所用。做到这一点，管理研究才算真正完成。

复杂问题简单化是通过概念化能力来完成的。如计划管理、竞争战略、人力资源与人力资本、知识员工、企业文化等，学习并理解这些概念时，可以清晰地知道企业运行背后的复杂性以及解决之道。这也是"管理大师"能成为大师的根本之处。在讲授组织管理课程中，我们总会提到巴纳德的表述来介绍"组织"这个概念："当两个或两个以上的个人进行合作，即系统地协调彼此间的行为时，在我看来就形成了组织"（巴纳德，2009）。从巴纳德的界定中，我们可以很清晰地了解到组织的关键是协调个体之间的行动。之所以有些组织复杂而难以发挥效率，关键是没有去协调个体之间的行动，相反却做了很多与协调行动无关的努力。通过一个简洁的概念来抓住一个复杂的组织系统的本质，才是真正的理论价值，也是我们需要锻炼的概念化能力。

四、 从学术自证到实践他证

作为学者，我们需要从内心认同并理解这一点，需要真正要求自己的研究可以运用到实践中，而不是停留在自我证明之中，也不是停留在学界内部的认可之中。把自己的研究置身于广阔的天地间，就如科技部所倡导的"把论文写在祖国的大地上"那样。当我们有这样的发心，对自己有这样的要求，就能够从学术自证走到实践他证上。

为此，笔者总结出根植于中国企业实践的研究方法，即"两出两进"的研究方法，用以弥合管理研究和管理实践之间的鸿沟（陈春花，2017）。

"一出"：从实践观察出问题，即我们选定的研究问题一定不要从文献来，而必须要来自我们真实观察的实践中。

"一进"：进到文献检验有否理论价值，这个"进"是指我们需要进入文献中去检验我们选定的问题是否具有理论价值。

"二出"：检验有否理论价值之后转化成理论问题，我们必须从文献转化为理论问题，使从实践观察的问题具有研究的可能性。

"二进"：再把理论问题回到实践中，验证有理论价值的问题是否具有实践意义。

要求自己按照"两出两进"习惯去展开研究，就是要解决研究与实践之间的关系问题，就是要完成从学术自证进入实践他证的过程。我们要坚持对企业实践进行长期观察的方法论。长时间的深入体验和观察非常重要，这是因为通过长时间的观察，你可以首先记录过程当中发生的所有现象。在你不断记录的过程当中，才有机会提出"为什么"的问题。而只有能够提出问题，我们才有机会真正讨论并解答，进而产生新的概念和理论。

中国管理实践的推进和中国竞争能力的提升，需要管理学界对管理实践做出相应的理论探索和总结，这已经成为我国学术界与实业界的共识（陈春花，2011）。在此共识的基础上，管理研究学者要拥有"作为实践者的灵魂"（塔勒布，2014）的信念，因为我们和德鲁克一样深信："任何一种知识，只有当它能够应用于实践，并改变人们的生活时，才有价值"（罗珉，2007）。

作者简介：

陈春花，北京大学国家发展研究院 BiMBA 商学院院长、王宽诚讲席教授。

朱丽，北京大学国家发展研究院助理研究员。

参考文献

[1] Pugh, D. S., & Hickson, D. J. (2007). Great Writers on Organizations. London：Ashgate Publishing Group.

[2] 陈春花. (2010). 当前中国需要什么样的管理研究. 管理学报，7 (9)：1272－1276.

［3］陈春花．（2011）．中国企业管理实践研究的内涵认知．管理学报，8（1）：1－5.

［4］陈春花．（2017）．管理研究与管理实践之弥合．管理学报，14（10）：1421－1425.

［5］罗珉．（2007）．实践——德鲁克管理思想的灵魂．外国经济与管理，（8）：58－65.

［6］［美］纳西姆·尼古拉斯·塔勒布．（2014）．反脆弱：从不确定性中获益（雨珂译）．北京：中信出版社．

［7］［美］切斯特·巴纳德．（2009）．组织与管理（曾琳，赵菁译）．北京：中国人民大学出版社．

［8］周云杰，李平，杨政银．（2017）．融会贯通："德鲁克之路"对中国本土管理研究的启示．外国经济与管理，（6）：10－11.

（原文由微信公众号"工商管理学者之家"于 2020 年 3 月 31 日发表：https：//mp. weixin. qq. com/s/Z7XKeUyt_ BwedIO7ASDOSQ。）

管理本土研究的基准点与范式

吕　力

在《管理世界》"3·25"倡议中，李志军、尚增健特别呼吁中国学者"立足中国实践，借鉴国外经验，面向未来，着力构建有中国特色、中国风格、中国气派的学科体系、学术体系、话语体系，反对照抄照搬外国模式。坚定学术自信，反对崇洋媚外"。作为回应，我们认为必须厘清"本土管理研究的基准点"，改进"本土管理研究的范式"，否则一切倡议都只是口号，所有一切将依然如故。本文试图对上述两方面的问题做一些梳理，供后续研究者在此基础上进一步深化探讨。

一、 管理研究的基准点

管理学与经济学是相近学科，但据公认的看法，经济学的体系自洽性与严谨性要远优于管理学。美国管理学会前主席巴尼说："管理学中组织理论的研究，早期是从心理学和社会学借用理论，建立了人际关系学派；后来从社会学和政治科学中借用概念，建立了权变理论和资源依赖理论；最近，从生物学中借用概念，产生了种群生态理论。"迈克尔·麦奎尔教授直接指出，由于管理学理论来源繁杂，导致管理学家"根本无法就实践中管理学者们究竟应该做什么、该如何去做达成一致意见"。

近来，关于管理理论研究与实践脱节问题的呼声在学术界越来越高涨。学界翘楚如美国管理学会前主席徐淑英教授也一再强调"理论的严谨性与切题性"。然而一到具体的研究，强调"理论的切题"，则变为散乱的假设，难以形成完整的体系；强调严谨，则结论就近乎常识，几乎对实践没有启示意义。

反观经济学，之所以较好地达到"严谨与切题"的平衡，我们认为，是因为经济学研究有一个很好的基准点和参照系。众所周知，几何学就是在几条公理基础上建立起来的稳固的、不可推翻的、精确优美而适用的体系，而经济学仿照此种方法，也将其大厦建立在几条有限的基本假设之上。基于基本假设或参照系，就可以形成一套内部逻辑严密、自洽的理论体系。反观管理学理论，"相当多文献在研究假设、概念化方式和结论方面都是不一致的。管理领域的文章在对理论概念进行详细描述之前，常常需要花几页纸来澄清以往研究中那些相互冲突的理论观点、概念框架和研究结论"。

从此出发，**管理学研究要摆脱目前的困境，既不是刮起"全部面向实践"的一阵风，也不是再次退回到"书斋式的、自娱自乐的"所谓"严谨"的研究，而是要认真思考管理学作为一门学科其内涵、外延、基准点、参照系与范式体系。**

二、 管理科学、 管理技术与管理哲学

区分管理科学、管理技术和管理哲学是厘清管理学研究范围的极为重要的问题，如果将三者混为一谈，我们可能根本不知道研究什么以及如何去研究。换言之，以上三者具有不同的研究对象和研究范围；又言之，三者虽然都称"管理"，但有不同的内涵和外延。

德鲁克曾提出著名的"管理的本质不在于知，而在于行"的观点，明确指出作为管理科学的"管理之知"在管理实践中的局限性。他说："当管理科学首次出现时，管理人员曾为之欢呼。从那以后，出现了一

种崭新的职业——管理科学家。他们有自己的专业协会，有自己的学术杂志，在大学、商学院中有管理科学这门学科，但是，管理科学却使人失望，迄今为止，它未能实现其诺言，并没有为实际的管理工作者带来革命性的变化，事实上，很少有管理人员重视它。"德鲁克的论断佐证了对三者进行区分的重要意义。

（1）求真是科学的目的。按照传统的说法，科学是用仔细的观察、实验收集的"事实"和运用某种逻辑程序从这些事实中推导出的定律和理论。在伽利略看来，建立符合事实的理论——就是科学，科学问题起源于人类在认识世界中产生的困难。具体到管理领域，管理科学的目的是在求真的过程中获得"管理之知"。

（2）致用是技术的目的，技术问题起源于人类在改造世界以符合人类需要的过程中实际遇到的困难。与科学问题不同，要解决人们在改造世界中产生的矛盾，就需要从现存的东西推理到现时还不存在的东西（如技术工具、解决方案等），而不仅是对现存的东西进行解释。具体到管理领域，管理技术的目的就是"致用"，通过制定一系列的工具、手段、规则等来实现管理的具体目标，这可称之为"管理之术"。

（3）当我们逐一清楚了计划、组织、领导与控制之后，也许我们仍然不能实施管理，再往下一层，当我们弄清楚了SWOT、环境、目标之后，也许我们仍然不能实施一个完整的计划，换言之，管理是一个整体。而管理哲学的对象便是作为"一个整体的管理"，例如，儒家的管理是建立"修身、齐家"的基础上——它相信人们心中内在的力量；而法家的管理基础则是"势术法"——它相信没有奖罚便不可能产生任何结果。就西方而言，科学管理学派认为，管理一定是可量化的，也必须量化；而管理学经验学派认为，管理就是经验的总结和积累；管理过程学派认为制度重要；人际关系学派认为关系重要。至于从整体论上考虑，究竟何者更正确或更有用，这正是管理哲学研究的范畴。

基于以上考虑，我们需要反问自己：我们所说的改进范式，更加严谨或更与实践切题，究竟是在哪个层面的问题？如果所站的角度不

同，答案可能完全不同——如果你站在管理哲学的视角，那无论如何努力，都不可能达到量化的严谨；如果你站在管理科学的角度，可能无法要求每一篇论文都"那么切题"；而如果你站在管理技术的角度，那么"不切题"则可能是致命的。

三、 管理的 "小学" 与 "大学"

如果我们以中国学问划分法来对管理学进行归类，可以将管理学研究划分为"小学"和"大学"。"小学"与"大学"的区分最早来自于朱熹，但现在一般的理解是：小学，即"考据、训诂、音韵"等学问手段；而大学则是"义理之学"。以此视角，则：

（1）西方当代管理主流研究方法是"小学"的研究方法。实证主义方法是管理学当代主流研究方法，实证研究方法的一般过程是：提出假设、收集数据、验证假设，它不涉及一般的管理理念，即使涉及也通常需要将这些一般的理念变成可以操作的变量。这与"乾嘉之学"在一字一句上的考据、训诂有异曲同工之处，反观"义理之学"，则不大纠缠在一事一物上的考辨，"义理之学"重视的是理念和价值观。

（2）西方当代主流管理学无法处理"复杂的管理辩证"问题。管理是一个综合性、系统性的社会问题，许多问题难以量化，许多边界条件并不清晰，很多未来情况无法预测，许多互有优劣的决策难以取舍。面对这种情形，西方当代主流管理学通常会束手无策。正如精深的小学研究也无法系统回答"修齐治平"的问题一样，西方当代主流管理学从其范式上就无法应对"复杂的管理辩证"问题。

综合以上考虑，西方主流实证的研究方法确实存在很多空白点（本文一再指出的是，西方当前主流管理学研究如此，而西方经验主义学派可能不是这样），尤其需要强调的是，这些空白点是这种方法论所固有的，正如"小学"不能用于研究"义理问题"，而"大学"则不适合于"考据"。因而，其解决方法不是将"小学"改造为"义理之学"，将"大学"改造为"考据之学"，而是视不同的情形采用不同的方法。我们注意到学术界近来不断强调减少"数学模型"的使用，但我们的观点是，"大学"可以不用数学模型，而管理的"小学"（即实证）确实要使用数学模型。甚至在某些情况下，我们现在使用的数学模型不是多了，而是少了。

四、 本土管理行为的若干基本假设

前文已指出，理论丛林状态导致的大量视角不一、互相矛盾的理论，绝不会构成一个逻辑自洽的理论体系。而这一问题的解决方法就是"回到理论的基本假设"，学术界的探讨应该在"一个或有限的几个基本假设"的基础上进行。基于此，本文尝试提出中国本土管理研究的三个基本假设：

（1）集体主义假设与个体主义假设。集体主义应看作中国人管理行为的"基本假设"，这意味着：①根据韦伯的观点，集体主义虽然并不恒定，而是混乱的、分散的、时有时无的，然而它在中国人的管理行为是不能忽略的因素；②集体主义是一种应然状态，即在中国人的组织中，管理者认为组织成员"应当"是集体主义的，并以此出发对组织进行管理。

（2）责任假设与权利假设。中国人的组织生活首先强调的是对于组织的责任，而西方人的组织生活首先强调的是组织不能强迫成员，组织成员的奉献应限制在契约范围之内。正因为如此，西方才会研究契约之外的"组织公民行为"，而组织公民行为对于中国人的组织而言是"应当的义务"，杨百寅教授称之为"主人翁意识"，它虽然在表现形式上与"组织公民行为"类似，但其出发点不同。

（3）人治假设、法治假设与关系思维。通常认为，东方民族传统上偏好人治的治理方式，而西方民族传统上偏好法治的治理方式。反映到组织的治理，本文认为这一基本假设仍然基本正确。

法治假设在组织管理中的体现是西方组织更重视成文的规定，不随意修改已经确定的规则、规定，而中国组织中模糊的规定、规则随处可见，管理者应对的方式是"变通"。当然，本假设并不表明中国本土组织中完全没有成文的规定以及自始至终的执行，而是中国人传统的思维方式就是"人治"与"变通"，与"变通"类似的"灰度思维"甚至写进了中国著名本土企业华为的"基本法"。中国本土管理中的"关系"就来自人治假设，正因为人治的存在，因而"情感的"或"情感与利益相混合"的关系才能在组织生活中发生作用，这是"中国式关系"与西方社会关系的重大差异。

需要强调指出的是，基本假设类似于韦伯的"理想型研究"。韦伯指出："理想型式是通过着重强调一种或数种观点，通过综合许多混乱的、分散的或多或少出现而又不时消失的具体个别现象而构成的，它是根据那些着重强调的观点化成统一的分析结构而加以分类整理的。"因而，理想型式不可能处处贴合于实践，但是这些理想型式给我们提供了很好的参照。例如，在主流经济学中，"人的自利性"就是一条根本假设，而这一假设绝非正确。

五、 实证、 行动与循证相结合的综合范式

实证范式、行动范式以及使用不多的循证范式是管理学研究的不同范式。根据本文前述，显然它们之间有很大的差异，不可相互混淆也不可能相互替代。但是，我们认为，对同一对象分别进行上述研究，研究结果之间互相借鉴、比较，甚至将某种方法得到的结论用另一种方法进行检验，则是有可能的。我们将以上这一套方法称为实证、行动与循证相结合的管理学研究范式。这一套"杂糅"的体系可以在其内部各种方法之间相互取长补短，达到目前学术界所呼吁的"既严谨又切题"的目标，事实上，我们认为，这是达到上述目标的唯一方法。具体的程序读者可以参看《实证、行动与循证相结合的管理研究综合

范式》一文，我们在此只作一简单的部分的介绍：

（一）行动可以作为一种检验

管理行动也可以作为检验实证结论的一个手段。事实上，Kvale（1996）就提出过案例研究的实用效度概念：关注研究者的理论、主张或行为使真实世界发生的变化。Argyris（2012）在《行动科学》一书中指出：主流科学家专注于描述世界的存在而不是去改变它，但自相矛盾的是，这样的方式无法描述有关这个世界的重要特征；而这些特征包括通过保护既存现状来对抗改变的防御性行为。如果只是观察和等待，我们永远都不可能得到这个有关防御性行为的有效描述。因此，如果我们能在传统实证研究之后增加一部分内容，即以实际行动及其效果作为检验，则既无须全面否定或颠覆实证研究，又将大大提升传统实证研究的实践相关性。

（二）行动可以作为一种数据

新近的实证研究也采用时序数据，这些时序数据当然与某一种行动相关，但传统实证研究没有意识到行动本身就是数据。在具体的研究中，实证研究往往将行动的一部分抽离出来，而"维持其他变量恒定"。事实上，行动本身是一个复杂的过程，甚至包含多种情境化的、伦理的决策，要想将某一种变量毫无影响地抽离出来是不可能的。传统实证研究还是将行为作为一种辅助，它的重点不是研究行动本身。

因此本文强调的行动研究是对行动本身的研究，在行动的过程中，人们根据情形的变化主动选择甚至临时变更行动方式，而老旧的实证研究则生硬地强调行为效果的测量。借用经济学研究方法的术语，对时序现象的传统实证研究属于比较静态研究，而行动研究则应属于纯粹动态研究：其目的不是变量关系，而是探讨如何改变。因此，我们可以对传统的、主要基于统计归纳或者控制性实验的传统实证研究做一些调整，直接对行动进行研究，不仅将行动效果，而且将行动本身作为一种数据来源。

（三）行动可以作为一种证据

主流实证研究方式在证据使用方面的不足主要有两点：①对证据

严谨性的强制性要求。要求所有证据必须经过实证检验，由此一来，证据只能来自已有实证研究论文或研究者亲自进行的调查研究。如此，大量最近的商业实践被排除在实证研究之外。②对证据类型的要求。由于上述第一条原因，实证研究必须采用实证结论，而实证结论绝大多数情况下又是关于变量之间的静止关系的描述，因此，大量包含前因后果的行动数据被排除在外。

在所有学科之中，首先是临床医学通过循证的手段大幅度扩展了证据来源的范围：之所以如此，是因为医学本身的极端复杂性——现代生物学并未完全揭示人类生理的奥秘——人类所能达到的认识甚至是极少的，对于相当多数量的疾病，人们并未认识其致病的机理，而临床医学要求医生们要尽最大的可能治愈疾病，这就使实际的治病过程并非完全是根据现有规律的纯粹演绎推理，因此临床医学不得不采用大量未经严谨实证研究的经验证据。管理学与临床医学的情形相当类似，管理学中也存在大量未经实证的经验证据，而实际的管理过程又不容许管理者等到学术界总结出规律后再加以实施。

因此，本文建议，即使在实证研究中也可以使用有关行动的经验证据，当然在使用时应尽可能地对行动证据发生的环境、准确性进行分析性评价。事实上，即使在关乎人的生命的临床医学中，医生们也是这样做的——与其坐等相关生理学研究的结果，不如在一定程度上进行试探性尝试。

作者简介：

吕力，武汉工程大学管理学院教授、博士生导师。主要研究方向：企业伦理与中国本土管理。

参考文献

[1] Ansombe, G. E. M.（1957）. Intention. England：Basil Black-well.

［2］Argyris，C.，Putnam，R.，& Smith，D. M.（2012）. 行动科学（夏林清译）. 北京：教育科学出版社.

［3］Cochrane，A. L.（1972）. Effectiveness and Efficiency：Random Reflections on Health Services. London：Nuffield Provincial Hospitals Trust.

［4］Dewey，J.（1929）. The Quest for Certainty. New York：Minton，Balch.

［5］Kvale，S.（1996）. Interviews：An Introduction to Qualitative Reseach Interviewing. Thousand Oaks，CA：Sage.

［6］吕力.（2012）. 案例研究：目的、过程、呈现与评价. 科学学与科学技术管理，33（6）：29 – 35.

［7］吕力，田甥，方竹青.（2017）. 实证、行动与循证相结合的管理研究综合范式. 科技创业月刊，30（9）：84 – 88.

（原文由微信公众号"工商管理学者之家"于 2020 年 4 月 1 日发表：https：//mp. weixin. qq. com/s/Exdsg9UNnhCdl3kTXc4_ Pw。）

阴阳平衡与跨界研究

李　平　杨政银

2020 年 3 月 25 日和 26 日,《管理世界》与《经济研究》先后发表了《亟需纠正学术研究和论文写作中"数学化""模型化"等不良倾向》的"编者按"和《破除"唯定量倾向" 为构建中国特色经济学而共同努力——〈经济研究〉关于稿件写作要求的几点说明》的"来稿说明"。

经管领域中文顶级期刊的这两份声明,宣告一场针对经济管理研究领域"时疫"——"数(学)模(型)化"的"防疫战"打响了。这场"战疫"非常必要,期盼已久。管理学界对流弊已久的数模化现象针砭多时,各种言论和主张不时见诸正式期刊或网络文章。我们对于这个问题也给予颇多关注与思考,破除"唯数模化"这种单一方法论的垄断性桎梏,回归学术真理的源头,疏导本土管理研究的原创活水,是我们一直呼吁、倡导并不懈努力的所在。欣闻《管理世界》"3·25"倡议,作为回应,我们在此把我们过去思考并付诸实践的有关本土管理多元化研究及新学术路径做一个总括性介绍,回答在破除"唯数模化"背景下,中国本土管理研究怎么做?管理学者何去何从?

一、 哲学反思: 研究的思想性与原创性

"唯数模化"弊病的讨论与批评已经很多,在此不再赘述。我们想

着重探讨唯数模化现象本身给我们带来的哲学反思。管理研究领域今日的唯数模化倾向，滥觞于20世纪五六十年代以美国为首的西方学界借鉴、引入自然科学研究范式，在管理学研究中不断强化量化、模型化、统计化等数理工具的运用。"理性的铁笼子"越扎越紧，这套研究范式在度过20世纪的黄金时代之后，其负面影响日益凸显，根源于此的乱象种种，不一而足。唯数模化流弊渐深，以致今日需要"官宣"以纠正此"不正之风"。这也标志着"唯定量"的方法论理性在管理研究中的坍塌起点。

我们并不单纯反对数模化研究，而是反对它的过度扩张，以及管理学者对它的盲目崇拜。不要忘记，**研究的初心是建构原创思想，用于解释与指导实践，而数模化仅仅是研究工具手段而已，不应喧宾夺主**。如果数模化退回到合理的边界内，符合中道的状态，我们当然欢迎使用数模方法。我们的核心主张是既不能完全否定数理模型类研究，也不能不给其他多元化研究以生路，应该提倡鼓励百花齐放与百家争鸣。

然而，唯数模化背后的工具理性立场、泛量化价值导向，更值得我们深思。数模化研究显而易见的便利性与快捷性，自然诱惑众多学者，像飞蛾扑火一样，扑向数模化研究，以其为走上学术论文发表捷径的首选利器。"文章在手，横行天下。"原创之思与学者责任担当似乎抛诸脑后，无需考虑，只求模型精致、数据漂亮、万事大吉。显然，唯数模化带来的唯指标化，把代理指标当成"月亮"（Power，2004）可以暂时在圈内自欺欺人，只是研究成果面对实践的最终检验时，就必然"实践指导性不足"，遑论以其昏昏使人昭昭的"故弄玄虚"。

唯数模化倾向也启示我们，我们必须警惕以过时的旧有西方哲学理念（主要是以量子力学以前的牛顿物理为核心）为基础的研究范式，既不符合西方现代实践，更不符合中国本土实践。借用西方工具手段从事中国本土研究，需要牢固立足于本土的文化情境与实践土壤。比如，中国的阴阳哲学思想，既超越西方古典非此即彼的二元哲学假设，也超越西方近代的黑格尔辩证法，因此对于悖论管理（诸如新全球化时代的竞合关系等悖论）具有独特的指导意义。还有儒家的和而不同、佛家的合和共生、道家的无为而治等思想要义，无论对于今日的本土管理研究，还是对于普适性的全球化管理，都具有别具一格的独特启发。

把"合和共生"作为处理复杂关系的基本理念，非此即彼的"义利分离"的"一分二"选项，就被"义利合一"的"二合一"选项明显超越。从诸如天人合一（即主客融合统一）、阴阳平衡（即悖论双方相生相克）、悟性洞见（即主动归零与直觉想象创新）等中国传统文化精华中，挖掘、梳理、重构中国本土管理研究的哲学基底，是我们在去唯数模化时代夯实我们前进道路的不二法门。

二、 学术回归： 理论与实践的良性循环

如果把组织管理比作一场社会实验，那么管理实践者是这场实验的直接实验者，管理研究者则是实验的观察者。我们曾总结出管理者有两条路："德鲁克之路"与"马奇之路"，前者完全沉浸于管理实践的现象中，从中发现规律、提出洞见，以其卓越的洞察和敏锐，获得了作为一名管理学大师广泛而深远的影响力；后者则完全关照于理论本身，以其深邃的理论眼光，为后人构建了一系列精当的管理学理论，也获得一代卓越的管理学大师殊荣。

然而，即便是"马奇之路"，追根溯源的话，他的理论建构基础也无法脱离管理实践供给的素材，只不过是间接或又间接的素材积累。有鉴于此，**我们认为管理学术的真理，是"从实践中来、到实践中去"**。管理实践是管理理论诞生的源点，管理实践也是管理理论最好的终点。检验负责任的学术研究，最好的办法就是研究成果对实践具有有益的指导，也可具备"政策参考性"。因此，理论与实践的阴阳平衡是管理学研究转型的核心所在。

距离实践太远，是唯数模化倾向弊端最集中的体现。一是唯数模化研究的起点不是从实践问题中提炼出的真问题、好问题，更可能的是先建模型，后套问题。二是唯数模化研究的终点难有实践影响力，研究做得很漂亮，但于实践无益，这成为唯数模化研究的常态。如此常态，学术研究也就难免"自娱自乐"，而"思想启迪性、理论创造性"就难免成为空中楼阁、水中捞月。

现代管理学发展至今，几乎所有的基础理论都源于西方学者的创造。中国经济社会蓬勃发展几十年，已经为本土学者提供了丰厚的实验观察场域和样本，不过广为接受的原创本土管理理论仍然寥寥无几、少得可怜。这不得不让我们警醒和深思。学者当务本，本立则道生。原创理论的本源在哪里？如何创造原创理论？我们现在看到了破除束缚我们的方法障碍的曙光。轻装上阵以后，就需要在实践的广阔天地上探索原创理论的源头活水。

三、 学者跨界： 另辟蹊径的知行合一

破除唯数模化的旧习，倡导务实原创的新风，关键在于学术评价制度体系的革新及学术生态的进化，根本在于践行新风的学者。我们在阐述"德鲁克之路"与"马奇之路"时，提出了第三条路，即融合德鲁克与马奇二者合一的学术研究道路。第三条路符合阴阳平衡原理，而走第三条路的学者与践行新风的学者本质上是殊途同归。

在展望跨界研究的成果时，我们的设想是其成果具有三重意义：①作为教学案例，用于商学院教学；②作为常规学术论文，在同行评审期刊发表；③作为咨询素材，可指导企业经营实践。从研究成效来看，第三条路有助于学者最大可能地"顶天立地"（上接理论研究，下靠企业实践），还可兼顾教学任务。这就可能达到理想状态的知行合一。

作为管理学者，既充分知晓管理理论与知识，又尽量了解实践活

动与流程，还能够把自己的理论与知识传授给学生。当然这一美好构想要统一于一个人身上，难度可能不小。不过每个学者可以根据自身秉性和资源条件，选择不同身份的参与深度，形成一个适合本人条件的搭配组合。如果对于实践兴趣更浓，也有条件介入更多企业实务，那就可以以实践导向的研究为主，另外两重身份相机而行。如果对管理学的教学更有兴趣，则可以以管理学的教学为主要角色，其他两重角色视情况而定。

从管理学术群体的角度看，学者群体承担好这三重角色，让管理理论与知识以学者为枢纽更加充分地流动起来，将有助于构建本土原创理论，有助于实践到理论、理论再到实践的管理学科知识体系良性演进，以及企业经营管理状况的快速迭代和持续优化。

践行新的学风，选择走第三条路，就要选择做跨界学者。选择做跨界学者，就选择了"入世治学（Engaged Scholarship）"（Van de Ven & 井润田，2020）的学术人生。这样的学术旨归要成为学术群体的风尚，需要制度环境的配套与维护。即在重树研究哲学的基础之上，还要重建研究范式分类、重设评价标准体系及重塑应用导向的学院。

大概言之，管理学术研究可分为三类。**第一类是纯学术研究范式**，以解释实践真理为唯一目的，以理论构建与理论验证为核心内容［包括目标与手段，以西方学术界主流为代表；马奇、西蒙、维克（Karl Weick）偏向此类范式（李平，2016）］。**第二类是纯实践研究**，以指导实践现象为唯一目的，以实务操作方法的发现与提炼为核心内容［包括目标与手段，以西方咨询公司为代表；德鲁克、明茨伯格（Henry Mintzberg）、哈默尔（Gary Hamel）等偏向此类范式］。**第三类是跨界混合型研究**，为前两者搭桥［以哈佛商学院相关的部分学者为代表，例如普拉哈拉德（C. K. Prahalad），波特（Michael Porter），克里斯滕森（Clayton Christensen）等］，但此类学者最少。

中国本土管理学研究除了要做到前两类研究，还要做到"东西融合"以及"人文关怀"。尤其在新全球化时代及人工智能即将来临的时代，以人为本的趋势愈加凸显。兼顾各方、以人为本，也是负责任、可靠研究的基础（徐淑英，2016）。中西合璧、人文关怀，这样才能走好"知行合一"之道。

四、 商院转型： 重建制度与文化

按照 Aguinis 和 Vandenberg（2014）的观点，通过学术成果评价标准多元化，有利于提高学术成果的实践相关性与严谨性。所谓评价标准多元化，就是把目前以学术同行评议为唯一标准向度、仅仅考虑论文引用率的评价体系，拓展到学术成果影响力的其他衡量指标，尤其是加入来自实践领域的影响力指标。只是这一思路的逻辑是要么接受学术标准衡量，要么接受实践相关标准评价，还是非此即彼（either/or）的逻辑。我们主张的管理学研究范式与以上不同：

（1）建立管理实践研究评估体系。因为管理实践研究与管理理论研究不同，不能采用同一评估标准。实践导向期刊也应得到管理学界对学术期刊认同，例如《加州管理评论》《哈佛商业评论》《斯隆管理评论》《商业评论》《清华管理评论》等期刊。

（2）管理实践研究兼有理论研究与实践活动的双重性质，其评估标准必须兼顾两者。实践研究也有切题性与严谨性两方面评估标准，但其标准与理论研究的两方面评估标准内容不同。

（3）管理实践研究的切题性表现为主要关注实践活动的关键问题，无论是短期的或长期的。这涉及研究方向性的评估标准。相对于此，管理学术研究的理论切题性只是次要问题。

（4）管理实践研究的严谨性主要表现为适合实践研究的关键方法，无论是定性的或定量的。这涉及研究方法论的评估标准。相对于此，管理学术研究的理论严谨性与方法严谨性只是次要问题。

（5）管理实践研究与管理学术理论研究同属管理研究；理论研究为基础性研究，而实践研究为应用性研究。实践研究不是实践本身，也不是实践活动的简单归纳总结，而是理论研究与实践活动的链接与桥梁，尤其是可以先从实践上升到理论，后从理论落地到实践，实现两者的良性循环，以此解读并处理管理的核心悖论。为此，我们认为，管理学术研究的最佳"真问题"（即具有理论洞见的问题），以及核心内容均源于理论与实践的有效互动。

"真问题"与核心内容的初步选择可以来自相对独立的两大外在潜在来源：一是他人文献，二是他人经验。而内在潜在来源也有相对独立的两大方面，即本人灵感悟性以及本人经验。然而，"真问题"与核心内容的最终确认必须是文献与经验互动与互补所致，即学者关心的问题正是企业家关心的问题；反之亦然。从这一视角来看，文献与经验孰先孰后的争论并不重要，如同"鸡与蛋孰先孰后"的争论并无二致，而更为重要的问题是如何促进文献与经验有效的互动互补。

（6）文献与实践互动与互补的核心表现形式就是"两出两进"路径。具体而言，"一出"是指从实践之中寻找潜在管理痛点问题；"一进"是指进入文献探寻该潜在问题的理论意义；"二出"是指将潜在问题确定成为具有管理实践与管理理论双重意义的"真问题"，并构建该"真问题"的理论解读；"二进"是指将该"真问题"的理论解读返回管理实践之中检验，并指导未来的实践。

（7）管理实践研究与管理学术理论研究同属管理研究，其另一表现形式就是两者在不同的两大阶段侧重有所不同。具体而言，第一阶段分为两个组成部分，首先确认"真问题"的实践意义以及理论意义，其次确认研究该问题的理论框架以及理论建构；第二阶段也分为两个组成部分，首先开展对理论的实践验证，其次实现理论对实践的指导。

（8）必须保留理论与实践的互动，只是侧重有所不同。学者个人可以选择偏重"德鲁克之路"（兼顾"马奇之路"），也可选择偏重兼顾"马奇之路"（兼顾"德鲁克之路"）。

作为应用导向型学院代表的医学院和法学院，在教育和研究方向上与相应的实践结合甚为紧密。学生的培养方向是明晰的，学生的培养方式是问题导向型的，研究探索的内容又是实践需求型的。因此，教、学、研形成了一个"通环"，实现了良性循环，处处体现着应用导向型精神。最重要的是，这样一个良性循环给社会带来了源源不断的、可明确感知的价值。

相比之下，商学院（时常也称为管理学院）的教育模式则并未明显体现出那种应用导向型精神。除世界大多数商学院都开设 MBA 等职业教育课程以外，对于本科生的培养大多属于课堂教学，即使采用案例研究、角色扮演游戏、报告讨论等方式，也与真实的商业或管理实践相去甚远。对于研究生的培养，尽管在学术研究的方法、深度、科学性等方面，有着不断推陈出新、完善发展的趋势，但研究主题的选择并未高度重视实践需求的重要性，也就导致了研究结果与实践需求的联系并不足够紧密。

此外，与医学院和法学院相比，几乎所有的商学院不会将商业从业资格或经验作为教师录用的必要标准之一，那么这就意味着即使是 MBA 类的职业教育，授课教师在与职业实践相关的资格方面，存在着很大的不确定性（汪潇等，2018）。

商学院的学术研究与教学显然不是为了不断产生抽象的、仅能作为"硬性"与"死性"知识，而是能够产生对实践有着重要影响和指导的"软性"与"活性"知识。后一类知识虽然前瞻，但始终与实践紧密结合在一起，即先实践者之忧而忧（即思实践者之思，以深入而严谨治学启实践者之智）、后实践者之乐而乐。为此，长时间近距离地深入观察了解几家杰出或独特企业异常重要（陈春花，2017；陈威如，2017）。由此可见，阴阳平衡原理在复杂现象中显示其独特而重要的价值，尤其是在 VUCA（Volatility, Uncertainty, Complexity and Ambiguity，即多变、不确定、复杂、模糊）条件下更显其英雄本色。

五、 结语

去唯数模化的战役号角已经吹响，管理学术研究开始正视并纠正自身谬误。从唯数理模型的垄断桎梏中获得自身解放的新型学者，勇敢跨界吧！在跨进管理新世界中，我们也需要注重有效把握 VUCA 条件所呼唤的阴阳平衡。这是中国传统哲学宝库里的镇国之宝。

作者简介：

李平，宁波诺丁汉大学李达三首席教授、美国创新领导力中心（CCL）大中华区研究总监、丹麦哥本哈根商学院终身正教授。

杨政银，宁波诺丁汉大学商学院博士生。

参考文献

［1］Aguinis, H., & Vandenberg, R. J.（2014）. An ounce of prevention is worth a pound of cure：Improving research quality before data collection. Annual Review of Organizational Psychology and Organizational Behavior, 1（1）：569 – 595.

［2］Power, M.（2004）. Counting, control and calculation：Reflections on measuring and management. Human Relations, 57（6）：765 – 783.

［3］Van de Ven, A. H., & 井润田.（2020）. 从"入世治学"角度看本土化管理研究. 管理学季刊, 5（1）：1 – 13.

［4］陈春花.（2017）. 管理研究与管理实践之弥合. 管理学报, 14（10）：1421 – 1425.

［5］陈威如.（2017）. 管理学者的边界延伸. 管理学报, 14（8）：1130 – 1133.

［6］李平.（2016）. 不确定性时代呼唤"非理性"：维克思想与道家哲学的不期而遇与不谋而合. 清华管理评论,（11）：75 – 81.

［7］李平, 杨政银, 陈春花.（2018）. 管理学术研究的"知行合一"之道：融合德鲁克与马奇的独特之路. 外国经济与管理, 40（12）：28 – 45.

［8］李平, 周是今.（2020）. "入世治学"与本土管理研究：

跨界合作的独特意义．管理学季刊，5（1）：23－31．

　　［9］汪潇，李平，毕智慧．（2019）．商学院的未来之路：知行合一．外国经济与管理，41（5）：142－153．

　　［10］徐淑英．（2016）．商学院的价值观和伦理：做负责任的科学．管理学季刊，1（1）：1－23．

（原文由微信公众号"工商管理学者之家"于 2020 年 4 月 2 日发表：https：//mp. weixin. qq. com/s/bs9 d5 tqibuos3 J4 lij9 xYQ。）

将思想种子发展成理论之树

贾良定

在《管理世界》"3·25"倡议中，李志军、尚增健特别呼吁中国学者"立足中国实践，借鉴国外经验，面向未来，着力构建有中国特色、中国风格、中国气派的学科体系、学术体系、话语体系，反对照抄照搬外国模式。坚定学术自信，反对崇洋媚外"。作为回应，本文构建了从个体到团体再到社区的跨层对话过程理论，探讨如何把个体想法发展成为学会社区公认的合法有效的理论，试图从对话角度探讨建设中国管理学理论自信之路。

一、 思考源起

2009~2010 年，随着中国经济体量成为世界第二时，学术界和实践界呼唤中国管理学应当为世界做出自己的理论贡献。当时有一困惑：**三十多年的改革开放，中国情境的组织管理研究贡献了什么样的新理论？** 当我寻求答案时，发现没有人给出明确的回答。于是，我就做了一项研究，首先发展了一个情境主位模型，用以评价情境对理论的贡献；其次利用该模型分析了组织和管理领域世界主流期刊中 1980~2010 年发表的有关中国情境的研究。

以上研究成果发表在 2012 年中国管理研究国际学会的会刊《组织管理研究》第 1 期上（Jia et al., 2012）。这项研究揭示了 1980~2010

96

年来中国管理研究趋同并严重依赖西方理论的现状，证实了徐淑英在2009 年《组织管理研究》主编论坛"中国管理研究的展望"中的判断："过去二十多年来，中国管理学研究追随西方学术界的领导，关注西方情境的研究课题，验证西方发展出来的理论和构念，借用西方的研究方法论。而旨在解决中国企业面临的问题和针对中国管理现象提出有意义解释的理论的探索性研究却迟滞不前"（Tsui，2009）。

国内学者（韩巍，2009；郭毅，2010；田恒，2011）也有上述类似的判断。如郭毅（2010）所说：**"有关'中国的'本土管理研究总是缺乏一个'好'理论建构和发展所必需的过程，如同一个长不大的歪脖子树，总是只有几个短短的树枝和小小的枝芽，始终长不成常青茂盛的参天大树。"**

在做这项研究的时候，一个想法油然而生：中国管理学研究如何能够长出几棵参天大树呢？

我努力去寻求答案。

最能回答这一问题的是肯·史密斯和迈克尔·希特主编的《管理学中的伟大思想：经典理论的开发历程》（Smith & Hitt，2005）。两位编者都曾任美国管理学会主席，他们邀请了24 位管理学界最有影响力的原创理论的创立者，回溯这些理论产生和发展历程，同时表达自己的感悟。在这本书中，两位编者总结出一个"理论发展的过程模型"。

该模型侧重强调在构建理论时个体学者的特征与行为，但是，一是忽略理论形成的人际因素，二是缺乏理论支撑，三是不能回答我国学术界存在的问题。

例如，我国学术界中存在许多像模型中所说的具有"热情、训练、大想法"特征的学者，也承担着"创造者、编码者、传播者、研究者、倡导者"角色，并且也经历"张力不安→搜寻探索→精耕细作→公布发表"这样的过程，但依然是"只有几个短短的树枝和小小的枝芽，始终长不成常青茂盛的参天大树"。

非常致命的是，这个模型没有揭示西方学术界非常活跃的学术交流和对话情形。

二、 搜索探讨

困惑一直在我心中。2011 年春夏学期带领学生们研讨《美国管理学会评论》（*Academy of Management Review*）年度最佳论文和被引最多论文，一共 50 多篇。当读到三篇文章时，心中惊喜，有一种"Aha"的感觉，心中的困惑似乎能够解决了。

第一篇是 Crossan 等（1999）关于"组织学习的 4I 模型"。该模型说，组织学习是一个从个体直觉（intuiting）和解释（interpreting）开始，到团队层面整合（integrating），最后到组织层面的制度化（institutionalizing）的跨层次动态过程。这个思想非常符合我的想法，学者个体的想法要成为学术社区公认的合法理论，这个过程既是学习过程，也是制度化过程。

第二篇是 Phillips 等（2004）关于"制度化的对话模型"。该模型认为，组织行为制度化是一个从个体到群体的对话过程，特定行为最终能否实现制度化会受到对话过程中诸多因素的影响。这似乎在说我想要说的故事。

第三篇是 Green（2004）关于"管理实践扩散的修辞理论"。该理论认为，制度化是推广管理实践的主体不断说服他人并唤起情感修辞（pathos）、认知修辞（logos）和价值修辞（ethos）的结果。

读完这三篇文章，我似乎心中有了一个从"学者个体想法"到"学术社区公认的合法的理论"的模型了。兴奋之余，我很快就把这个想法写了出来，发邮件给徐淑英老师，讲解我的想法和初步模型。徐老师也很高兴，鼓励我们继续钻研。

有了初步的理论模型，接下来如何去实现呢？

肯·史密斯和迈克尔·希特主编的《管理学中的伟大思想：经典理论的开发历程》就是非常好的素材。我们可以根据书中的故事，与我们的初步理论相互迭代，建立最后的理论。

我们分析了书中许多理论发展历程的故事，在最后陈述时，为了既简约又饱和，我们只呈现了四个案例，分别是以 Jay B. Barney 为代表的资源基础理论，Donald C. Hambrick 为代表的高阶理论，以 Jeffrey Pfeffer 和 Gerald R. Salancik 为代表的资源依赖理论，以 Denise M. Rousseau 为代表的心理契约理论。由于这本书中没有收录华人学者发展理论的故事，我们特别选取了以徐淑英为代表的雇佣关系理论和以陈明哲老师为代表的动态竞争理论作为理论典范案例。

总体上，案例包括四个宏观领域的理论和两个微观领域的理论，宏观和微观各有一位华人学者作为理论的提出者（见表1）。这一做法遵循了多案例研究设计的复制逻辑和案例研究的数据可获得性原则。

表1 典范理论案例的选择

		理论来源领域	
		宏观领域 （战略管理、组织理论）	微观领域 （人力资源、组织行为）
理论提出者，即代表人物	华人	● 动态竞争理论（陈明哲） （Competitive Dynamic Theory，CDT）	● 雇佣关系理论（徐淑英） （Employee-Organization Relationships，EOR）
	其他	● 资源基础理论（Jay B. Bamey） （Resource-Based View，RBV） ● 高阶理论（Donald C. Hambrick） （Upper Echelons Theory，UET） ● 资源依赖理论（Jeffrey Pfeffer & Gerald R. Salancik）（Resource Dependence Theory，RDT）	● 心理契约理论（Denise M. Rousseau） （Psychological Contract Theory，PCT）

三、 知识产生及其制度化的对话过程理论

理论建构是一个从个体学者到小范围学术团体，再到整个学术社区的对话过程。在这一过程中，推广理论的主体通过唤醒他人的修辞，使团队直到社区产生对理论的认同感。理论，从最初的状态——个人"体验"，经过跨层面对话，成为整个学术社区公有化的最终状态——知识"规范"。如图1所示，个体、团体和社区层面分别有相应的对话体系，每个层面最后一个对话行为连接着两个不同层面对话体系。

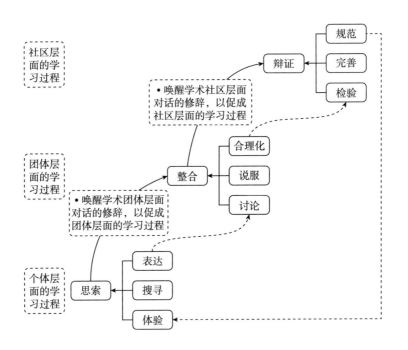

图1 知识产生及其制度化的对话过程：结构和机制

（一） 个体层面对话：思索

思索是理论建构的起点。在这个阶段，新理论的思想逐渐成型但仍然停留在个体学者思辨阶段，是个体学者脑中的思想实验。具体包

括体验、搜寻和表达三类个体层面的对话活动。

体验是理论构建的起始点，是个体学者对客观现象的观察与已有认知不符而产生的紧张感受，也是研究问题的来源。例如，高阶理论，源于 Hambrick 对《财富》期刊罗列企业高管信息感到十分意外；资源依赖理论，源于 Pfeffer 对美国社会平权运动中组织行为的疑惑。因此，体验作为一种张力（tension），是理论体系最初的存在状态。

搜寻是个体学者在感受到张力后的第一个行动。个体学者为了回答特定研究问题并解决疑惑，会积极在已有理论中寻找答案。这种搜索不仅是个体学者自我思辨的表现，而且是新管理思想与已有理论的对话过程。例如，为探究心理契约的内涵，Rousseau 积极搜寻心理学、法律、社会学等有关契约文献；Barney 阅读交易成本经济学、公司理论等来解释企业间的异质性。

经过思辨后，学者试图用语言、图表等表达自己的理论。只有将抽象的、模糊的、经过思辨的想法表达出来，学者才真正将理论向外界传达，而非仅停留在个体脑中。比如用提纲（资源基础理论：东京地铁上初稿大纲）、课程论文（高阶理论：给 Max 教授的课程论文）、读书笔记（心理契约理论：阅读过程中即时写下灵感、旁注，并用图表等形式辅以表达）等形式表达出来。因此，"表达"这一行为连接着个体层面和团体层面的对话。

（二）团体层面对话：整合

整合是团体层面的对话，是个体将新理论表达后，将理论在多主体间讨论并融合多人观点的行为。与个体层面对话不同的是，整合是理论提出者通过对话活动，构建出认同新理论的小团体（本文案例表明，学术团体通常由提出者的同事、学生和期刊评审等构成），并通过唤醒性修辞达成团体成员对新理论的认同。具体包括讨论、说服和合理化等行为。

讨论是发生在多个主体间、通过语言或文本形式阐述新理论并融入他人想法的社会性活动，主要表现为理论提倡者与其同事或学生讨论并修正最初的想法。这一行为的直接结果是在小范围内，构建出认同新理论的"小圈子"。例如，雇佣关系理论的形成初期，作者"与多位同事和学生定期讨论"（徐淑英，2012）；心理契约理论的提出者也强调，"拥有大量学科和教员的研究型大学是无价之宝"（Smith & Hitt，2005）。

为使新理论进一步获得认同，理论提出者会在更大范围内为其思想进行说服，主要表现为论文发表前的会议宣讲、各种讲座等。例如，正是通过两次学术会议的宣讲，资源基础理论才得到进一步的完善并逐渐获得合法性（Smith & Hitt，2005）。

经过小范围讨论后，理论提倡者对新理论进一步合理化，主要表现为出版或发表的评审过程中对新理论进行辩论、澄清、修改等活动。"合理化"的系列行为连接着团体层面和社区层面的对话，促使对话从团队层面进入社区层面。理论公开发表或著作出版标志着理论进入了整个学术社区的对话。

（三）社区层面对话：辩证

辩证是社区层面的对话行为，表现为相关学者对新理论的检验、完善并最终使理论成为学术社区的规范性知识。这一过程通常要经历漫长的岁月。

发表或出版意味着理论进入了学术社区的对话。成为学术社区规范的理论，其必要条件是能够引起众多学者的兴趣，开展系列科研活动，检验新理论。主要表现为将该理论应用于多情境进行情境化研究、探索新理论的作用机制、探究新理论的边界条件等。正如资源依赖理论提出者 Pfeffer 所言："……如果想达到理论的成功并最终占据主导地位，……［要求］理论发展和实证检验，……进行修正和完善"（Smith & Hitt，2005）。

检验理论带来的直接结果是，对理论的内涵、逻辑和适用性等进一步完善，主要表现为在学术社区内，学者对理论进行澄清、梳理和修正等活动。例如，在高阶理论发表后的近 30 年间，Hambrick 等学者对该理论进行了四次系统性文献回顾，并增加了两个重要的条件变量以增强该理论的解释力。

再如，自雇佣关系理论发表以来，以徐淑英为代表的研究团队对该理论的作用机制、适应条件进行了系列跨情境研究。这些学术社区层面的对话在增强理论的解释力的同时，也提高了理论的合法性。

经过学术社区内的长期对话，理论作为规范成为一定时空内的理论体系，主要表现为被学界公认的知识或写入教材等。研究所选取的案例均成为现阶段管理学研究中成熟的知识体系。理论建构过程是从个体到社区的跨层面的对话过程：从个体学者的"体验"，经过跨层面的对话，成为学术社区内的"规范"，即制度化知识体系。

（四）唤醒性修辞

为什么有的理论能够从个体层面对话进入团体层面甚至社区层面的对话，而有的理论却停留在某一层面？唤醒性修辞（arousing rhetoric）起到关键作用：唤醒小范围学术团体的修辞是由个体层面对话进入团体层面对话的内在机制；唤醒学术社区的修辞则是由团体层面对话进入社区层面对话的内在机制。

制度化过程中包含三类唤醒性修辞：①情感性修辞（pathos rhetoric）指在说服过程中引起他人情绪上的共鸣，通过诉诸他人的兴趣、兴奋感等初始反应达成共识；②认知性修辞（logos rhetoric）指在说服过程中基于理性计算引起他人共鸣，是通过诉诸基于逻辑、效用等理性判断达成共识的；③规范性修辞（ethos rhetoric）指在说服过程中基于社会规范和习俗等引起他人共鸣，将新理论与更大范围内的价值观联系在一起达成共识。

其一，能否唤醒学术团体的修辞决定了理论是否能由个体对话跃迁到团体对话。

一方面，唤醒学术团体修辞的失败会使对话停留在个体层面。例如，在理论发展初期，资源基础理论提出者 Barney，其所在学校中的同事所奉行的价值观与其迥然相异，所以他不能引起小范围内其他学者对其思想的共鸣和唤醒，使进入团体对话的时间被延迟了。

另一方面，成功唤醒学术团体的修辞则加速了对话过程。例如，雇佣关系的思想火花一产生，就引起了他人兴趣，这种唤醒修辞得以迅速形成小的、固定的学术团体，定期地讨论和完善该理论。

其二，能否唤醒学术社区的修辞决定了理论是否能由团体对话跃迁到社区对话。

一方面，唤醒学术社区修辞失败使对话停留在团体层面。例如，资源依赖理论在学术社区内制度化速度相对较慢：这因为其认知性修辞——对现有理论的反驳多于修正和发展——所致。

另一方面，成功唤醒学术社区的修辞则加速了社区层面的对话过程。例如，动态竞争理论、雇佣关系理论和高阶理论等均在较短时间内唤起了整个学术社区内的修辞。其代表文献分别获得相应研究领域的最佳论文，这表明学术社区认可其认知性修辞，从而被唤醒。

四、 对话过程理论的启示

中国管理学研究领域并不缺乏有天分、勤奋的学者。然而，从世界范围内看，反映中国社会和文化特征的管理学理论不仅没有占据主导地位，而且尽管近些年来我们越来越多加入国际学术界的对话，但是发展的中国管理学理论依然很少。依据跨层次对话过程理论，我们认为，在构建小范围学术团体和参与国际管理学术社区对话这两个环节上，中国管理学者需要更加努力。

其一，加强学术团体层面的对话，尤其是论文公开发表前的评审和答辩过程。

一方面，中国管理学界应该进一步提高学术论文评审过程的规范化和科学化程度，构建一个有利于学者对话的平台。学术期刊编辑委员会应当制定公正、明确、有效的评审流程，邀请管理学研究领域国内外杰出学者作为外审专家，而期刊编委则成为外审专家与作者之间对话的协调人。坚持与作者共同改善论文、发展思想的方针，学术期刊编委会和外审专家对论文提出实质性修改建议，经过对话使理论更具解释力。在理论发展的任何阶段，提出新理论的学者应该与国内和国际相关领域的学术同行积极沟通，扩大新理论的影响范围。

另一方面，在博士论文答辩阶段，学校、院系专业、博士生导师以及博士生本人应该与世界范围内相关研究领域内的优秀学者积极对话，并邀请他们成为博士论文答辩委员会的成员，架起青年学者与国际管理学研究社区的桥梁。这些实践，既是整合学术团体知识的共同学习行为，也是唤起学术同人甚至实践界对管理学新知识的认知和认同的过程。

其二，加强学术社区层面的对话，特别是增加已经发表的中国管理学理论在全世界范围内的辩证过程。

一方面，中国管理学者在积极组织和参加国内外学术会议的同时，应该充分发展这类活动的平台效应，促进不同学者、不同学术团体之间的思想火花碰撞、合作，以此开展对已有知识的系列化后续研究。

另一方面，中国管理学者不仅要善于借用西方理论解释中国的管理现象，更重要的是要善于发展出具有中国本土特色的管理学理论，并进一步在西方情境中检验、完善和发展，从而提高中国管理学理论在全世界范围内学术社区的合法性，增强中国管理学的理论自信。

总之，走具有中国特色的管理学理论自信道路，不仅要求我们的理论能够反映中国社会、制度和文化的特征，体现中国企业和组织管理现状及其变革的内涵，而且要求我们建立真正意义上的学术社区对话体系，积极加入世界范围内的管理学学术对话中，并把具有中国特色，反映中国社会、文化和制度的管理学理论体系化和制度化。从这个意义上讲，**对话过程不仅是丰富中国管理学理论、增强其解释力的必由之路，而且也是中国管理学理论走向国际管理学社区，获得合法性并成为体系化、制度化、规范性的管理理论的重要手段。**

本文改写自：贾良定，尤树洋，刘德鹏，郑祎，李珏兴．（2015）．构建中国管理学理论自信之路——从个体、团队到学术社区的跨层次对话过程理论．管理世界，（1）：99 – 117．

作者简介：

贾良定，南京大学商学院工商管理系主任、教授、博士生导师，教育部长江学者特聘教授。

参考文献

［1］ Barney, J. B. （1991）. Firm resources and sustained competitive advantage. Journal of Management, 17 （1）：99 – 120.

［2］ Chen, M. J. （1996）. Competitor analysis and interfirm rivalry：Toward a theoretical integration. Academy of Management Review, 21 （1）：100 – 134.

［3］ Crossan, M. M. , Lane, H. W. , & White, R. E. （1999）. An organizational learning framework：From intuition to institution. Academy of Management Review, 24 （3）：522 – 537.

［4］ Green, S. E. （2004）. A rhetorical theory of diffusion. Academy of Management Review, 29 （4）：653 – 669.

［5］ Hambrick, D. C. , & Mason, P. A. （1984）. Upper echelons：The organization as a reflection of its top managers. Academy of Management Review, 9 （2）：193 – 206.

［6］ Jia, L. D. , You, S. Y. , & Du, Y. Z. （2012）. Chinese context and theoretical contributions to management and organization research：A three – decade review. Management and Organization Review, 8 （1）：173 – 209.

［7］ Pfeffer, J. , & Salancik, G. R. （1978）. The External Control of Organizations：A Resource Dependence Perspective. New York：Harper and Row.

［8］ Phillips, N. , Lawrence, T. B. , & Hardy, C. （2004）. Discourse and institutions. Academy of Management Review, 29 (4): 635 – 652.

［9］Rousseau, D. M. (1995). Psychological Contract in Organizations: Understanding Written and Unwritten Agreements. Newbury Park, Calif: Sage.

［10］Smith, K. G., & Hitt, M. A. (2005). Great Minds in Management: The Process of Theory Development. New York: Oxford University Press.

［11］Tsui, A. S. (2009). Autonomy of inquiry: Shaping the future of emerging scientific communities. Management and Organization Review, 5 (1): 1 – 14.

［12］Tsui, A. S., Pearce, J. L., Porter, L. W., & Tripoli, A. M. (1997). Alternative approaches to the employee – organization relationship: Does investment in employees pay off?. Academy of Management Journal, 40 (5): 1089 – 1121.

［13］郭毅. (2010). 活在当下：极具本土特色的中国意识——一个有待开发的本土管理研究领域. 管理学报, 7 (10): 1426 – 1432.

［14］韩巍. (2009). 管理学在中国——本土化学科建构几个关键问题的探讨. 管理学报, 6 (6): 711 – 717.

［15］田恒. (2011). 中国情境下的管理学研究探索——基于理论发展脉络的视角. 科技管理研究, 31 (1): 226 – 230, 242.

［16］徐淑英. (2012). 求真之道，求美之路：徐淑英研究历程. 北京：北京大学出版社.

（原文由微信公众号"工商管理学者之家"于 2020 年 4 月 3 日发表：https://mp. weixin. qq. com/s/drQwj85Fv8iYpEZjkFCq2A。）

案例研究文章槽点及思考

李　彬

《管理世界》"3·25"倡议提出了"倡导研究范式规范化，研究方法多样化"。然而，众所周知，管理学期刊中的文章仍然是以定量研究占绝对主流。不过近年来案例研究方法已经逐渐受到关注，特别是《管理世界》这样具有引领性的国内顶级期刊，早在十几年前就与中国人民大学商学院合作举办"企业管理案例研究与质性研究论坛"，并刊发案例研究方法的文章，推动研究方法的多样化。

虽然笔者既不是案例研究方法的"大咖"，更没有特别多拿得出手的作品，也深深感到能力和底气不足，然而，俗话说"久病成医"，在投稿和审稿案例研究方法文章方面还是有些心得的。所以，不揣冒昧，野人献曝，谈一谈自己在评审与投稿案例研究文章过程中感悟出的"金刚护体"原则和遇到的"槽点"及思考。

一、 案例研究文章的 "金刚护体" 原则

首先，作为投稿案例研究文章的作者，需要至少把握如下三点原则来"金刚护体"，应对那些"槽点"。

第一，使用案例研究方法的目标是理论构建（区别于理论验证）。 理论构建体现在提出新概念、新命题和其背后的因果机制、发生机制等。理解和把握这一原则对文章的写作、回复审稿人都有帮助，如后

续的文献综述、理论抽样、数据分析、理论对话等部分的写作都与这一目标有关。如理解不到位则很容易自觉或不自觉地"滑向"定量研究的套路中，虽然表面上说是用案例研究方法，但却在研究开展和行文过程中走向了验证理论假设的套路中，甚至在文中出现了"本文验证了××命题或假设"等字眼。可参考 Eisenhardt（1989）这篇引用率超高的论文以及毛基业和陈诚（2017）的论述来进一步理解。

第二，**案例研究方法文章非常看重"理论对话"**。案例研究的目标是理论构建，但构建出的理论不能是"自说自话""独孤求败"，需要有对话的"靶子"，这个靶子可以是以往研究中理论的核心假设，可以是以往研究中尚存在的理论缺口，也可以是对一个问题的多种理论解释之间的矛盾等。这些都可以在文中进行对话，但这个对话一定是在理论层面，而不是实证结果层面。理论对话部分可以看出案例研究者的"功底"以及文章的理论贡献大小。可参考毛基业和苏芳（2016）的阐述。

第三，**案例研究的写作需要把握"归纳逻辑"**。"归纳逻辑"指导案例研究的展开与文章的写作。例如写作时，就要把握结论是逐步归纳提炼出来的，而不是通过文献"演绎"出来再用案例数据进行"验证"的。经常看到类似后者的写作思路，这显然不符合归纳逻辑的总体原则。另外，文献综述、数据结构、证据链展示等部分的写作也都要在归纳逻辑的指导下展开。

二、十个"槽点"及思考

下面简单谈谈案例研究文章中常见的十个"槽点"及思考。

槽点 1："文章题目没有体现出案例研究的特色。" 这里强调的不只是从题目上看出文章使用的是案例研究方法，更是要看出案例研究方法所对应的特色。例如题目是否能够体现出新概念或旧概念的新表述，是否能够体现出新机制、新过程，是否能够体现出对某一问题或现象的深层逻辑和复杂关系机理的表述。如果题目的特色与定量研究的题目相类似，则失去了案例研究文章的特色，也可能会被质疑使用该方法的合理性。

槽点 2："文献综述部分写法不符合案例研究文章的风格与规范。" 这个槽点是从与定量研究方法文章的文献综述相比较而言的。案例研究文章的文献综述是把针对研究问题的主要理论流派、观点进行梳理，进而提出存在的理论缺口或矛盾之处，有时也会综述一下文章引入的新理论视角，阐述该视角对解释研究问题或填补缺口可能做出的贡献。

对文章引入的新理论视角不能综述得过"细"，有大量的命题或假设演绎推导，甚至提出一些被作者称为的"待检验"的命题和假设（这显然不符合归纳逻辑原则），或者把后文所要构建的理论命题在这里提前"暴露"（显然也不符合案例研究论文的理论构建原则）；也不能综述得过"粗"，针对问题梳理的理论和文献过于宽泛，没有找到精准的核心文献（毛基业，2020）。事实上，这些文献恰恰需要在文章后面的讨论部分进行对话。

槽点 3："为什么选择案例研究方法而不是其他研究方法？" 回答这个问题，最好在方法论层面深入理解案例研究方法与其他方法（特别是定量研究方法）的区别（如上面提出的三个原则）。当然，在具体写作时可以有一些小的应对方法。例如很多文章经常会出现这样的表述，"本文的研究问题属于 how 和 why 的问题，因此适合用案例研究方法"（Eisenhardt，1989）。这样的写法虽然看上去没有问题，但过于"大路货"，应当再具体和深入论述。

例如，文章解决的是过程机制（process）还是因素（variance），如果是过程机制，本文采用案例研究方法从哪些方面研究可以充分研究这个过程机制，可以引用几个在过程机制研究方面使用案例研究方法的权威文献。之后，可以再引用一些该研究问题领域中的以往研究（特别是文献综述型文章与理论型文章）曾提出未来研究可以采用案例研究方法的文献，或者与该主题相类似的采用案例研究方法的文献。

总之就是想尽办法，通过自己的话（越有逻辑性、越细致越好）和引用别人的话（越权威、越有针对越好）来说出使用案例研究方法的合理性。

槽点 4："**为什么是单案例研究？多案例研究？双案例研究？**"这就要深入理解三种类型研究各自的特点、适合的主题以及各自的优劣势。例如，单案例研究更适合探讨依时间变化而变化的发生机制、演化机制等话题，更能够通过"深描"来揭示出这种演化过程中的各因素及因素的影响因素之间的关系（内在机理）；多案例研究则更适合探讨变量间的因果机制，特别是采用类似实验方法中的复制逻辑来提出因果关系命题；双案例研究则一般通过对两个具有"极端"差异的案例进行对比分析来提出命题。解决槽点 4 的思路与槽点 3 类似。

槽点 5："**为什么没有采用多种来源的数据？**""三角印证"是案例研究方法中数据收集和数据分析的一个基本原则。有些文章确实也在文中写了"本文从访谈、参与式观察、文档与其他二手资料等多个方面收集了数据"。然而仍然被"吐槽"，是因为在文中的编码介绍、数据分析、证据链展示等部分，并没有体现出多种数据来源（例如只是证据链中只引用了访谈者的话）。建议参考 Eisenhardt 的文章在这方面的写作特点。

槽点 6："**单个访谈时长和访谈字数的匹配有问题，调研过程存疑。**"这个问题实际上反映了研究设计与研究过程中的严谨性，虽然不常见，但也经常被忽视。当文章报告了针对每个被访谈者的时长和访谈字数后，如果被访谈者在单位时间内说话的字数（字数除时长）和普通人正常说话时的字数相差巨大，特别是文中很多被访谈人都有这个问题，就会被质疑访谈过程存在问题。尽管可能不是大问题（例如字数统计错了），但会使评审人的心理开始"怀疑"这篇文章的信效度问题。

槽点 7："**建议增加数据结构的展示。**"尽管不是必须要有数据结构的展示，即数据提炼出的概念间层次关系结构。但如果能加上，将有助于评审人更直观地进行理解。从当前发表文章的趋势上看，无论是多案例研究（Smith，2014）还是单案例研究（Gioia et al.，2013），也都开始出现这样的做法。

槽点8："证据链的展示不规范、不完善。"案例研究方法所归纳出的每个命题、推论、推断，都要有相应的证据链来展示。"证据"可以是访谈者的原话、二手资料中的原话，甚至可以是一些定量的数字（例如可以使用问卷）以及通过一些方法将文字转化成的数字和可以进行比较的符号等。而"证据链"则是要把上述的证据按照一定逻辑关系进行"连接"，从而体现出较为清晰的因果关系链条。

例如单案例研究中，证据链体现在对某个组织或事件发生发展的演化过程中每个阶段的"案例故事"的"深描"中；多案例研究中，证据链体现在通过复制逻辑进行组内和组间的比较分析过程中。在Eisenhardt的文章里，一般还会用"表格"的形式来辅助展示证据链，其实也是数据分析过程更加直观的表达。

槽点9："文章的结论与案例数据不匹配，甚至被过度包装。"有时候，案例研究的结论可能看上去很有"亮点"（例如最后的模型图画得很"炫"），但再仔细阅读该文章的数据编码分析、证据链展示部分并与这些结论相对照，则会发现并没有很好地匹配。

事实上，因为有些推论和命题是作者"诠释"出来的，主观性相对较强，甚至有时候是作者先入为主，先"想"出了一些概念和命题，但却没有很好地从案例的经验事实中归纳出这些命题；有的研究则把一些概念和模型过度包装，"简单的道理被包装得晦涩难懂"（毛基业，2020）。这是审稿人在评阅案例研究文章时经常关注的一点。

槽点10："文章的理论对话不足，理论贡献不够。"案例研究文章的终极目标就是指向理论构建，评审人最终看的也是理论贡献。一篇案例研究文章中体现理论对话的部分，一般有三处。

第一处是文献综述（理论基础）部分。此处会将理论缺口或矛盾之处提出来，理论贡献的可能性已初步点出。

第二处是文章的研究发现部分。虽然此部分也是数据分析过程的部分，但案例研究方法与定量研究方法的一个较大差异在于其数据分析过程与理论构建过程结合在一起，所以这个部分也要体现理论的对话。事实上很多案例研究文章在这个部分经常会引用相关的文献，类似于"夹叙夹议"，通过与这些文献进行理论对话，进而推出命题。此处，理论贡献已经蕴含在归纳出的命题或结论中，但"说到而不说破"。

第三处是讨论部分（前面已经论述其重要性）。例如在 Eisenhardt 的系列文章中，此部分的篇幅量大约占全文的20%（我们将 Eisenhardt 不同时期的代表作的各个章节部分的篇幅量、模式特征等做了总结归纳，此处不再详述），这与定量研究的文章讨论部分有较大区别——案例研究的讨论部分要着重与文献综述和研究发现部分提到的理论进行"对话"。

所谓对话就是要基于研究问题和文献综述中提出的理论缺口或理论矛盾之处，论述本文的发现与原有文献中理论的关系，如深化、拓展（繁衍）、完善、修正、整合原有理论命题等（陈昭全和张志学，2012）。

当然，如果能够进一步和所"瞄准"的文献对应的理论视角（中层理论）的核心假设进行对话，甚至是与"元理论"（也可能涉及本体论和认识论）或"宏大理论"进行对话，则理论贡献将会更大。

总之，以上三个原则和十个槽点及思考只是一些随想，既不全面也不准确，希望能与更多使用案例研究方法的学者共同探讨，并能对初学案例研究的学者和硕博学生有一些启发和参考。

作者简介：

李彬，北京第二外国语学院副教授。

参考文献

[1] Eisenhardt, K. M. （1989）. Building theories from case study

research. Academy of Management Review，14（4）：532 – 550.

［2］Gioia，D. A.，et al.（2013）. Seeking qualitative rigor in inductive research：Notes on the Gioia methodology. Organizational Research Methods，16（1）：15 – 31.

［3］Smith，W. K.（2014）. Dynamic decision making：A model of senior leaders managing strategic paradox. Academy of Management Journal，57（6）：1592 – 1623.

［4］陈昭全，张志学（2012）. 管理研究中的理论建构. 陈晓萍，徐淑英，樊景立主编. 组织与管理研究的实证方法（第 2 版）. 北京：北京大学出版社.

［5］毛基业，苏芳.（2016）. 案例研究的理论贡献. 中国企业管理案例与质性研究论坛（2015）综述. 管理世界，（2）：128 – 132.

［6］毛基业，陈诚.（2017）. 案例研究的理论构建：艾森哈特的新洞见——第十届"中国企业管理案例与质性研究论坛（2016）"会议综述. 管理世界，（2）：35 – 141.

［7］毛基业.（2020）. 运用结构化的数据分析方法做严谨的质性研究. 管理世界，（3）：220 – 225.

（原文由微信公众号"工商管理学者之家"于 2020 年 4 月 4 日发表：https：//mp. weixin. qq. com/s/Rz9r – 7IenIdzfP_ zKp9mWg。）

让"扎根精神"扎根在管理学者心中

贾旭东

李志军、尚增健于 2020 年 3 月 25 日在《管理世界》2020 年第 4 期"编者按"发表《亟需纠正学术研究和论文写作中的"数学化""模型化"等不良倾向》一文，呼吁中国学者"研究中国问题、讲好中国故事"，引发学界强烈反响。

早在 2008 年，郭重庆院士就已经撰文指出，"研究中国情景嵌入和中国情景依赖的管理科学是中国管理学界的责任"（郭重庆，2008），管理学界围绕理论联系实践问题也已经进行了长达 10 年以上的讨论。从 2019 年举办的第 10 届"中国·实践·管理"论坛上的讨论来看，这一观点已成为管理学界乃至"管理'三界'"的共识（贾旭东、孔子璇，2020）。但为什么这个问题却依然存在，以至于需要《管理世界》这样的顶级期刊再次发出倡议和呼吁呢？笔者认为一些深层次的问题仍然有待正视、分析和破解。

一、 "《轻公司》 现象"

先来看一个现象。《轻公司》是 2009 年中信出版社出版的一本书，作者是两位媒体人（李黎、杜晨，2009），书中描绘了一种基于电子商务平台的新型商业模式，即"轻公司"。该书出版后迅速走红，一时间，"轻公司"成为风靡商界的口头语和热门词汇，许多企业家在热烈讨论甚至试图将自己的公司打造成"轻公司"。

但遗憾的是，该书自始至终都没有给出"轻公司"这一概念的准确定义。电子商务公司就是"轻公司"吗？还是经营网站的企业就叫"轻公司"？书中没有答案，只有一些通过电子商务平台取得了成功的企业案例（其中一些企业现在已经消失了）。时至今日也很少有人说清楚"轻公司"这个概念的内涵与外延，以及这个时髦的新名词和"外包""特许经营""网络组织""虚拟企业"等管理学界已研究很久的概念之间有何关系，而现在这个词也已经热度不再，和其他的管理时尚概念一样，被企业家们悄然遗忘。

类似现象在中国屡见不鲜，本文称其为"《轻公司》现象"，常有两种表现：第一种，记者或媒体人深入企业调研后写出一篇文章或一本畅销书，对某个或某类成功企业的经验进行总结，甚至提出某个新概念，如"轻公司"；第二种，某成功企业家出版一本畅销书或在演讲中提出一个新名词、新说法，对自己的一些经营管理思想或经验进行总结，进而将这种新说法命名为"××理论""××模式""××思维""××思想"，如雷军的"互联网思维"、马云的"新零售"等。这些时尚的新概念、"新理论"随着媒体的传播很快风靡商界，企业家竞相谈论和学习，其巨大的影响力远远超过同时期学者的任何学术成果。

遗憾的是，媒体界、企业界、咨询培训界的从业者们一般没有接受过系统的科学研究方法训练，故而不具备足够的管理学术素养，很难通过科学的研究方法得出真正科学规范的理论创新成果。即便如马云、雷军这样的成功企业家，他们总结出的所谓"思想""理论"也只是来自个体的成功经验，不一定具备普适性和科学性。中国企业在这样的"理论"指导下进行实践，其结果可想而知。这也形成了中国商界的"管理时尚"：这些新名词、新概念、新"理论"总是各领风骚三五年，企业家讨论的热点一再变化，而企业管理的水平却提高不多。

为什么会出现"《轻公司》现象"？笔者认为其深层原因是：**在真**

实的管理世界中，大量实践亟待进行理论总结和研究，大量中国企业迫切需要管理理论的指导，而管理学者却长期缺位，造成巨大的理论供求不平衡。学者们其实也很忙——忙着在图书馆、办公室里"闭门造车"，炮制出企业不会看也看不懂但能计算科研绩效、满足自己提职需求的论文。

那么谁去满足这巨大的理论需求呢？既然学术界无法提供优质的理论产品，记者、媒体人、咨询师、培训师、企业家们就冲到了理论创新的第一线，做了本该是学者本职的工作——他们通过写作、演讲、出版畅销书来总结经验并指导实践（现在许多管理咨询师、培训师都"著作等身"，甚至自诩为"××理论"发明人），"《轻公司》现象"就应运而生。

这种现象最值得管理学者深思的是，企业家们都开始亲自上阵进行经验总结和理论创新了，他们却似乎并不想求助于我们这些最应该、最适合做这件事情的人。**这说明什么问题？说明管理学界已经面临严重的生存危机！**

二、　正视危机

12 年前，郭重庆院士就已经指出，中国管理学研究正处于一个"为学术而学术"还是"为实践而学术"的交叉路口（郭重庆，2008）。但时至今日，我们却仍然在讨论这个问题，仍然在由顶级期刊发出呼吁和倡议，仍然是坐而论道者多、起而行道者少，这必须引起管理学界整体的警醒：**为什么我们在十字路口徘徊了 12 年？国家、社会和市场还会给我们几个 12 年？我们要成为"温水里的青蛙"吗？**

中国深刻的社会转型和鲜活的社会实践迫切需要管理学者的参与，社会早就在期待和呼唤着管理学者投身实践的沃土、做"接地气"的研究，如果我们仍然还沉浸在那些闭门造车、自娱自乐的研究里，热衷于发表那些充斥着数学模型、貌似科学却几近常识的"吃糖模式"

论文（李海舰，2006），必将危及我们自身的生存。

请设想，如果有一天，政府对管理学界失去了信心，不愿再花纳税人的钱支持我们的研究项目；如果学生对脱离实际的商学院（管理学院）失去了信心，不愿再到学校里学习我们传授的管理知识；如果企业对商学院（管理学院）失去了信心，不愿再听我们讲课、不愿聘用我们培养出的学生，那时的我们该何去何从？如果我们还不采取行动，被政府、企业、学生和市场抛弃的那一天就迟早会到来！

徐淑英（2015）显然已经预见到了这并不乐观的景象，故而在五年前就发出了这样的疑问："我们有没有问过自己，如果我们的目的是写论文来满足我们自身的需要，那么经理人和员工为什么要为我们的研究提供帮助呢？为什么出资机构要为那些出于晋升和工作保障而开展的研究提供财务资源呢？谁赋予我们使用公共物品谋取个人利益的权利？"

三、 体制之困

这样的问题当然不是一两天形成的，更不是管理学界愿意看到的，应当说受到了各种因素的影响，主要来自以下几方面：

第一，学术评价体制。并非管理学者们不知道理论联系实践的重要性，也并非学者们都喜欢闭门造车，但他们却仍然不得不把论文作为其科研工作的主要目标，主要是被以论文为导向的学术评价制度所迫，正如同一群"戴着镣铐的舞者"。学术评价是一支看不见的"指挥棒"，在其指引下，学者们不得不快速发表论文以满足科研绩效考评（韩巍、席酉民，2010）。如果这个指挥棒的方向不改变，就无法从根本上扭转管理学界脱离实践的问题。

近日，科技部、财政部发布了《关于破除科技评价中"唯论文"不良导向的若干措施（试行）》，要求克服唯论文、唯 SCI 取向。但落地执行的具体措施尚未出台，已经有学者提出了新的问题："不唯论文、不唯 SCI，唯什么？"这的确是一个管理的难题，即如何评价管理科研工作者的科研绩效？

第二，学术发表体制。在当前的学术发表体制中，决定学者论文能否发表的关键是各种学术期刊。而当前国内学术期刊的数量和发表空间严重不足，加剧了论文发表的竞争，导致学者不得不迎合期刊的趣味和导向。

学术期刊有权决定刊发何种类型的论文，这是一支看得见的"指挥棒"，对学者学术取向的影响其实大于学术评价体制，对学者研究问题、研究方法选择的影响更加直接。如果某期刊宣布只接收定量实证研究类的论文，该期刊恰恰是某校职称评聘认可的期刊名录中的重要期刊，那么想在该期刊发表论文以达到提职目的的学者们就只能放弃其他研究方法了，他们自然会按照期刊的要求，写出"规范"的定量实证研究论文，"数学化""模型化"就难以避免。

第三，管理教育体制。从我国管理学者自身来反思，管理研究脱离实践的深层原因恐怕来自学者自身缺乏管理实践经验的"先天不足"。试问当今中国的管理学者中有多大比例曾经从事过管理工作？恐怕不多（很希望有关部门可以对全国高校管理学者进行一次调查，以得出准确的数字）。**大部分的中国企业管理研究者，从未或很少经历过企业管理的实践；公共管理研究者，从未或很少有过政府管理的经验。对一项自己从未有过经验的事物进行研究，如何保证这种研究不会是胡思乱想、隔靴搔痒呢？**

更不乐观的是，如果现有管理学科的教育体制不改变，将来这个比例只会越来越低，而且学术排名越高的学校就越低。理由很简单，学术排名越高的学校，获得入职资格就越难，在现有的科研评价体制下，最后比拼的就是论文、SCI。一个年龄在 35 岁以下的年轻人（超过这个年龄的博士毕业生求职有可能直接被拒绝），如果没有在海外名校获得博士学位，没有在影响因子较高的 SCI、SSCI 期刊发表过论文，是很难在当今的中国高校尤其是学术排名较高的学校谋到一份教职的。

而一个人要在 35 岁之前就获得这样的学术经历，有去从事管理实践的时间吗？他最大可能的经历就是本科毕业读硕士、硕士毕业读博士，按照现有教育体制，他们在整个求学期间基本不可能有管理实践经验，本科或硕士毕业后能有几年工作经历已经是稀有和难得了。

这些年轻的学者，在学习管理、研究管理的过程中没有机会进入企业，不知道中国的企业在干什么、在想什么、有什么困难和问题，在基于还原论的管理科学化教育体制中接受的长期教育，尤其经过博士阶段的训练，已经把他们的思维塑造为一个"聚光灯"——聚焦在管理研究中某一个极其细微的点上，长年沉浸于研究一片树叶的一个部分，以期在这里做出一点"知识的贡献"，却难以看到完整的管理"森林"。他们的学术语言很难与企业实务工作者沟通，这种矛盾将直接反映在各高校 EMBA、MBA 的课堂上。如果与企业家都难以沟通，这些学者又怎么能顺利地进入企业进行扎根实践情境的研究呢？最后，他们只能回到图书馆和办公室，继续做模型、发问卷、跑回归，形成一个脱离实践的恶性循环。

当大批这样的年轻学者进入中国的商学院（管理学院）并成为主流和中坚，其学习经历就已经决定了他们与实践的距离，也决定了他们与实践中的人的距离，而他们的数量和影响力也将决定未来的中国管理学界、未来的中国商学院（管理学院）与实践的距离。到了那个时候，只怕连我们今天在讨论的这个问题都不会再有人提出来了。这是笔者最不希望看到的场景，但如果我们现在不做出改变，这个场景就极有可能在不远的将来出现。

四、 希望之变

解决上述问题需要多方面的改变。必须看到，这些改变哪个都不容易，否则就不需要顶级期刊和前沿学者们十几年如一日地倡议和呼吁了，但我们已经别无选择。其实，如果所有人都能认识到改变的必要性和紧迫性，做出改变也不一定那么难。

第一，学术评价体制的改变。管理学是一个复杂的学科，兼具自然科学和社会科学的特点，管理学术绩效的评价，不能简单参照自然科学或社会科学来制定评价标准，唯 SCI 就是简单照搬自然科学标准而产生的荒唐做法。同时，管理学又天然具有强烈的实践特征，如果没有实践意义，任何管理理论、工具和方法都不具备存在的合理性和合法性。笔者提出的"管理'三元'模型"（见图 1）已经分析了基于不同管理对象而带来的管理分支学科的不同特点（贾旭东等，2018）。因此，**应将管理学作为一门特别的、复杂的、综合性的学科，为其量身定制、单独设计学术评价标准。**

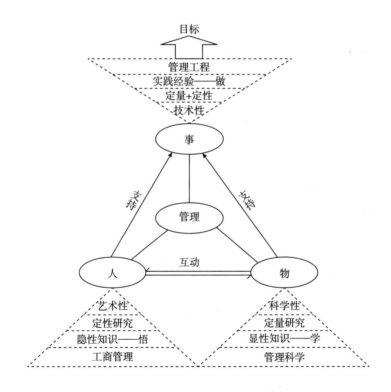

图 1 管理"三元"模型

资料来源：贾旭东，何光远，陈佳莉，衡量．（2018）．基于"扎根精神"的管理创新与国际化路径研究．管理学报，15（1）：11－19.

　　与其他学科类比，管理学既不同于物理学、化学等纯粹的自然科学，又不同于文学、史学、哲学等纯粹的人文学科，其特征更加类似于医学、法学等兼具理论与实践的学科。笔者在《基于"扎根精神"的中国本土管理理论构建范式初探》（贾旭东、衡量，2016）一文中已将管理学与相关学科进行过比较："**能否想象，研究物理、化学等自然科学的学者可以不进实验室做实验就获得了突破性成果？能否想象，一位研究野生动物的专家不去野外观察而是坐在图书馆里翻阅文献就取得了重大发现？能否想象，一位医学教授可以不做手术、不上临床和门诊、不接触病人就能够得到战胜疾病的妙方？**"因此，管理学术评价的标准应该更多地参考法学、医学甚至工程学科，以突出实践的导向来进行改革。

　　从事法学研究的学者常常兼做律师，这使其获得了丰富的法律实践经验；从事医学研究的学者绝对不会离开临床，这使其获得了丰富的治疗经验，为其科研提供了源头活水。如前所述，中国的商学院**（管理学院）存在大量缺乏管理实践经验的教师和研究者，如何让他们能够有接触实践的机会呢？**一个补救的办法就是鼓励他们在从事管理学教研工作的同时去企业或政府兼职，或为企业及政府提供管理咨询，这与法学和医学学者做律师、做医生是一样的逻辑。但现在有的学校把商学院（管理学院）老师兼职看作不务正业，其实管理学者在企业兼职甚至自己开公司应该是他的正业中必不可少的内容，这是他们回到了自己早就应该进入的实验室，否则他们怎么有机会参与管理实践呢？当然，更加复杂的问题是，现有体制能否为他们参与实践创造机会和条件？如何在科研考评机制中体现其联系实践的绩效？这是需要着重研究和破解的问题。

　　第二，学术发表体制的改变。与学术评价体制的改变相比，能够更快改变管理学术界理论脱离实践现状的，就是学术发表体制的改变，这种改变甚至不需要体制有多大的变化。只要学术期刊有所改变，鼓励发表密切联系实践的论文、基于实践案例和数据而做出的研究，鼓励采用民族志、扎根理论、案例研究、QCA 等多元的研究方法进行研究，这支"指挥棒"的作用会来得更快。

《管理世界》的倡议已经开了个好头，希望《管理世界》能联合更多的管理学术期刊，共同发出声音，鼓励管理学者采用多元的研究方法，以问题为导向，扎根中国企业管理实践情境进行理论研究，当这样的成果能够越来越多得到发表机会的时候，精彩的"中国故事"也一定会越来越多。

第三，管理教育体制的改变。在中国目前的综合性大学里，商学院（管理学院）只是很多学院之一，学校往往将其作为一个文科学院，以统一的模式进行管理。这既无法体现管理学科综合性、复杂性的特点，也难以克服科学主义的思维，必然要求商学院（管理学院）为体现和证明自己的科学性而继续产出貌似科学的论文，量化模型方法的滥用也就难以避免，管理学专业学生缺乏实践的痼疾也将持续。等到这些学生毕业后读硕士、读博士，再回到高校成为管理学者，管理学界脱离实践的问题也就仍然无法解决。

笔者认为，只有更高层的管理体制、管理教育体制发生改变，商学院（管理学院）自身的改变才有了环境和可能。而这些体制的顶层设计，既应体现管理学的自然科学特征，也应体现其社会科学特征，更要体现其实践导向的特征，理想的参照系应该是法学和医学这样的学科，管理学专业学生缺乏实践的问题，也一样能够从中找到答案——法学院、医学院的学生是如何参与实践的？

当然，这些改变都并非易事，但还有其他选择吗？关键在于，主管部门能否认识到其必要性和紧迫性，而要让主管部门认识到这一点，恐怕需要达成共识的管理学界一起发出声音，去促成和争取这种改变。

第四，管理学者自身的改变。无论学术评价体制、学术发表体制还是管理教育体制，都是外在因素，而最重要的改变，应当来自管理学者自己。只有管理学者们都能够发自内心地认识到这种改变的迫切性和重要性，才能真正在行动上有所改变——不仅自己多多开展理论联系实践的研究，也在评审论文和项目时多多鼓励"讲中国故事"的研究。**笔者于 2010 年已经提出管理学研究应当秉持"扎根精神"（贾旭东、谭新辉，2010），2016 年更提倡"扎根应当成为管理学者的生活方式"（贾旭东、衡量，2016），本文响应《管理世界》"3·25"倡议，再次呼吁：让"扎根精神"扎根在管理学者的心中！**

"扎根精神"即理论联系实践、理论源于实践的精神，既是科学精神在管理研究中的体现，也应当成为管理学者的核心价值观。衷心希望越来越多的中国管理学者能够以"扎根精神"扎根于实践的沃土，为中国管理理论创新和管理水平的提高而共同努力！

作者简介：

贾旭东，兰州大学管理学院教授。

参考文献

［1］郭重庆．（2008）．中国管理学界的社会责任与历史使命．管理学报，5（3）：320－322．

［2］韩巍，席酉民．（2010）．"中国管理学界的社会责任与历史使命"——一个行动导向的解读．管理学家（学术版），（6）：3－19．

［3］贾旭东，何光远，陈佳莉，衡量．（2018）．基于"扎根精神"的管理创新与国际化路径研究．管理学报，15（1）：11－19．

［4］贾旭东，衡量．（2016）．基于"扎根精神"的中国本土管理理论构建范式初探．管理学报，13（3）：336－346．

［5］贾旭东，孔子璇．（2020）．中国管理研究与实践的互动创新——第 10 届"中国·实践·管理"论坛评述．管理学报，17（3）：338－343．

［6］贾旭东，谭新辉．（2010）．经典扎根理论及其精神对中国管理研究的现实价值．管理学报，7（5）：656－666．

［7］李海舰．（2006）．学术论文的规范与创新．经济学家茶座，

（2）：45 - 56.

［8］李黎，杜晨．（2009）．轻公司．北京：中信出版社．

［9］徐淑英．（2015）．科学精神和对社会负责的学术．管理世界，（1）：156 - 163.

（原文由微信公众号"工商管理学者之家"于 2020 年 4 月 5 日发表：https：//mp．weixin．qq．com/s/v7jXQVRZPgmHKmvmshg07g。）

弥合管理理论与实践的
脱节：思考与探索

谢　康　　肖静华

　　李志军和尚增健在《管理世界》"3·25"倡议中，开宗明义地提出"从我国改革发展的实践中挖掘新材料、发现新问题、提出新观点、构建新理论"，并倡导"学术研究的目的不是自娱自乐，要有社会责任感和时代感，要为国家经济社会发展服务"。一段时间以来，管理理论和管理实践的脱节是管理学术研究被诟病的一个关键问题。而主张学术研究为国家经济社会发展服务，正是弥合管理理论与实践脱节的途径之一。这引发我们对管理理论与实践脱节问题的两点思考，也借此进一步分享我们开展的两方面探索。

一、 管理理论与实践脱节的合理性

　　管理理论与实践脱节问题一直备受关注、讨论或诟病，但脱节状况并没有因此得到实质性改善。现实中没有理论指导的成功企业家（俗称"赚大钱者"）比比皆是，似乎印证了实践未必需要理论指导的观点。著述等身的功成名就者（俗称"学术牛人"）也不乏其人，似乎也印证了管理理论未必需要实践检验的看法。事实上，管理理论与实践脱节存在合理性，因为理论研究者与管理实践者本身就属于两种类型的社会群体（张佳良、刘军，2018）。

管理理论与实践脱节大体可以归结为以下几个主要原因：一是从知识转移角度看，管理理论与管理实践是两种类型的知识体系，两者存在知识转移的障碍（Van de Ven & Jonhson，2006）；二是从社会分工角度看，理论研究群体与实践群体属于两类社会群体，两者的社会分工具有不同的专业属性；三是从信任与风险承担角度看，理论研究者与实践者之间存在信任与风险承担的双重隔阂；四是从追求目标角度看，理论研究者追求的是促进人类在管理领域的知识增进，实践者则是追求企业经营的规模和利润。

由此可见，管理理论与实践是两条相互映射和影响的轨道，两者并行发展与交互影响，是其分工结构所决定的，两者脱节存在社会合理性。否则，理论何谓理论，实践何谓实践呢？理论的高度抽象性、逻辑性与实践的高度情境化、复杂性决定了管理理论与实践是两类不同的思维和语言体系，两者脱节是必然的。这既不是管理理论的问题，也不是企业实践的问题，而是社会分工的客观存在。

二、　弥合管理理论与实践脱节的互动桥梁

然而，尽管两者的脱节存在合理性，但并不等于不需要弥合两者的脱节。一方面，国内外不少学者通过多种方式介入企业实践，如担任独立董事、外部董事、提供管理咨询，甚至长期在企业任职，或者坚持实地调研和田野调查，持续举办与企业合作的论坛等。这些介入方式或多或少都是在弥合管理理论与实践的脱节。另一方面，国内外不少管理实践者也在通过多种方式介入管理研究，如一些企业家将自己的管理经验和思想出书立著，将一生所思进行传播和交流，或者与学者一起开展自己企业的案例研究等。可以说，上述理论界与企业界的两种努力，都是促进管理理论与实践结合的弥足珍贵的互动桥梁，尽管这座桥梁上依然存在种种困难。

从基础研究、应用基础研究到应用研究、实验与中试和量产过程，

是从纯理论到实践形成社会财富的过程，也是社会分工及其知识转移的过程。理论与实践两者存在不可简单比较的社会价值。据此，可以将管理理论研究者与管理实践者大体分为四类：纯理论研究者与纯管理实践者，兼具实践的理论研究者与兼具理论的管理实践者。其中，后两者是弥合管理理论与实践脱节的重要桥梁。要促进理论创新与管理实践的结合，需要更多桥梁类型的理论研究者与管理实践者不断去尝试探索。

三、 探索一： 中国情境下的行动研究

行动研究（action research）是以既有理论为指导，促进解决实践过程的问题，从而验证和拓展理论，提升参与者能力，并从行动过程中获得结果反馈的循环过程。行动研究周期通常较长，一般超过 1 年，多数为 2～3 年，有的甚至长达 10 年。行动研究的优势在于能够有效地将理论与实践相结合，对现实中的问题进行分析和提炼，有助于突破管理研究中注重理论但实践性不强，或注重实践但理论创新不足的窘境。

然而，我们观察到的一个事实是：行动研究在医学、教育学、心理学和 IT 项目管理等领域有较多应用，在企业管理领域却应用较少。与其他领域行动研究主要针对个体行为或技术项目的干预不同，企业管理领域的行动研究不仅面临复杂的外部市场环境和内部组织环境等问题，还面临管理者对企业经营风险的敏感性等问题（张佳良、刘军，2018）。同时，也存在企业管理者对理论研究者情感信任与能力信任的双重信任问题，这是企业管理领域行动研究不多的主要原因。

基于此，我们认为需要基于中国企业的管理情境构建嵌入式行动研究方法，通过在经典的行动研究五环节（Susman & Evered，1978）中嵌入两个子环节，来解决上述问题。一是嵌入信任环节，通过小范围试验和演练，使管理实践者对理论研究者建立起情感与能力的双重

信任，再开展正式的行动研究；二是嵌入经营风险环节，企业经营管理面临各种风险，通常难以接受研究者的直接干预。因此，需要先从风险较小的管理领域切入，再逐步介入企业重大变革的干预和指导。

为此，我们在进行企业实地调研的基础上，提出了中国企业管理情境的嵌入式行动研究方法，在 2010～2012 年以四川某制造企业为对象，进行了信息化规划与管理变革的行动研究（肖静华等，2013）。大连理工大学朱方伟教授等（2018）在此基础上，进一步开展了项目化变革情境下企业如何克服组织惯性束缚的行动研究，深化和丰富了中国情境下信任与风险管理的嵌入内涵。

四、 探索二： 中国情境下的理论工具化

管理理论与管理实践是两种不同的思维和语言体系，弥合两者的脱节一方面需要通过兼具实践的理论研究者与兼具理论的管理实践者，架起以"人"为主体的桥梁；另一方面也需要通过研究者或实践者将理论工具化，即将抽象的理论转变为可操作的管理工具，架起以"工具"为主体的桥梁。

众所周知，Porter 的五力模型、Andrews 的 SWOT 分析法、Kaplan 和 Norton 的平衡计分卡、休哈特提出并被戴明普及的 PDCA 等管理工具，均已成为管理理论与实践之间的重要桥梁。借助这些管理工具，可以将严谨的理论逻辑与抽象的学术思想转变为企业可操作的流程和步骤。例如，我们在为某市国资委管辖的国有企业设计激励机制方案时，就将博弈论的模型和委托代理的理论转化为可操作的考核流程和考核工具，使企业能够落地实施。

当前，中国管理学者似乎缺乏将理论进行工具化的探索热情，企业咨询服务者尽管不断开发出各种管理工具，但因缺乏理论基础而多为昙花一现，普适性不强。开展中国情境的管理理论工具化探索是一项极有价值的工作，期待对企业管理实践熟悉的理论研究者和有管理

理论基础的企业实践者在这个领域形成贡献。对商学院而言，建议可以在 EMBA 和 MBA 的教育培训中，鼓励学员们更多地探索和开发管理工具，而不是只限于让其撰写并不擅长的研究性论文一条路径。

作者简介：

谢康，中山大学管理学院教授，中国信息经济学会理事长。

肖静华，中山大学管理学院教授。

参考文献

［1］Susman，G. I.，& Evered，R. D.（1978）. An assessment of the scientific merits of action research. Administrative Science Quarterly，23（4）：390 - 395.

［2］Van de Ven，A. H.，& Johnson，P. E.（2006）. Knowledge for theory and practice. Academy of Management Review，31（4）：802 - 821.

［3］肖静华，谢康，冉佳森 .（2013）. 缺乏 IT 认知情境下企业如何进行 IT 规划——通过嵌入式行动研究实现战略匹配的过程和方法 . 管理世界，（6）：138 - 152.

［4］张佳良，刘军 .（2018）. 本土管理理论探索 10 年征程评述——来自《管理学报》2008 ~ 2018 年 438 篇论文的文本分析 . 管理学报，（12）：1739 - 1749.

［5］朱方伟，宋昊阳，王鹏 .（2018）. 项目化变革情境下企业如何克服组织惯性的束缚——基于行动研究法的路径与策略分析 . 管理评论，（8）：209 - 223.

（原文由微信公众号"工商管理学者之家"于 2020 年 4 月 6 日发表：https：//mp. weixin. qq. com/s/9yjzwmVQ - zIs02jHAZL19g。）

企业需要什么样的管理研究？

宋志平

《管理世界》"3·25"倡议引发了管理学界的思考和讨论，这个讨论又远远超出了管理研究学术论文的范畴，涉及企业管理最深层次的问题，即我们企业需要什么样的管理研究。作为一名长期扎根企业的管理者，我谈谈自己的看法，供大家参考。

一、 管理研究是要解决企业的问题

管理研究为何而来？应是从应对企业问题中来，为发现企业的问题，为解决企业问题而产生的。从工业革命开始，如何提高企业的效率，这个问题就是最初管理的起因。随着企业的发展，战略研究、投资研究、组织研究、创新研究等这些都应运而生，所以管理研究始终是为解决企业问题的。

我国的企业管理是随着我国改革开放发展起来的。改革开放初期，我国企业管理总体上比较粗放，生产水平也很落后。在整个20世纪80年代，我们的企业处于管理的学习阶段，开始学习西方的管理理论和日本的管理方法，主要针对的是现场管理、成本控制、质量改进等方面。到20世纪90年代，我们开始引入MBA教育，我国企业管理研究有了一定发展。伴随着国企的改革、民企的发展、上市公司的壮大，这一段的管理研究更多转向对企业制度的探讨。

2000 年以来，我国企业面对的主要是互联网、新技术革命、企业"走出去"、气候环境变化等问题，由此，这一段的管理研究紧紧围绕着企业创新、国际化、应对气候变化等问题展开。最近一段时间，新冠肺炎疫情在我国和全球暴发后，对企业产生了巨大压力和影响，管理学界又围绕如何应对疫情为企业献计献策。

所以我想，企业的管理研究是个实践产物，它来源于企业，是为解决企业面对的问题而开展的。对于企业管理研究者来讲，我们要深入企业，了解企业的变化和企业的问题，针对企业的问题进行研究，帮助企业发现存在的问题并找出解决问题的方法，再将这些方法升华为管理的理论，进一步指导企业的工作。

我在企业工作了 40 年，其实大多是做管理工作。在工作中学习管理理论和知识给了我很大帮助，同时我自己也从一个管理的实践者变成了管理的研究者。我觉得随着企业面对环境的不确定性带来的变化，需要研究的问题越来越多。我从实践中得出结论，管理研究是帮助企业解决问题的，管理研究确实能帮助企业提高竞争力和促进企业的发展。

二、 管理研究服务于企业管理者

管理研究着眼于解决企业的问题，指导企业经营发展，它的成果应该应用于企业，它的服务对象应是企业家和企业管理者。因而，无论是写论文还是著书立说，"为什么""为了谁"这个目标不能缺失。如果我们写的东西让做企业的人看不懂，"丈二和尚摸不着头脑"，这肯定是管理研究的失败。过去这些年，一些知名企业家批评现在的管理教育不解决问题，甚至学了还不如不学。我认为这些批评并不是对管理研究和教育的批评，而是对脱离企业实际和对象、束之高阁的管理研究和教育的批评。

随着企业的发展，我国企业界的管理水平越来越高，企业的创新能力也越来越强。在这种情况下，企业家需要高水平、有针对性的管理指导，应该说这对做管理研究的学者们来讲既是机遇也是挑战，因为研究企业这些新问题和新变化所需要的知识和方法的难度越来越高。

过去我们研究出一项成果或许能用好多年，但现在可能很快就不适用了，所以这就要求我们做管理研究的学者要贴近企业、贴近企业家，要与时俱进。我们的研究成果要及时反馈企业、指导企业，征得企业家的认同。企业管理研究归根结底是为企业服务的，因此判定管理研究成果的好坏也只有放回企业，在实践中加以验证。

管理研究要有一定的理论性，我想这是研究的特征。但这些理论要让有学习能力的企业家看得懂，也就是说研究成果要达到能让大家茅塞顿开和喜闻乐见的效果。东方人和西方人在研究上的思维重点有所不同，东方人比较喜欢定性，而西方人比较喜欢定量；东方人比较重视结论，而西方人喜欢过程求证。这可能是深层次的文化偏好，大家各有所长，所以东西方研究方法也应互相借鉴和融合。

企业管理研究要借助数学进行逻辑验证和概括，但又要直白地把原理和结论写清楚，这样会更方便让企业人士看清楚。现在企业里的管理层大多有本科以上的学历，应该说普通的数学原理大家是看得懂的，但如果过度使用数学会让大家望而生畏失去读者，那再好的理论也没有用。

2009年，我在水泥行业大规模推进联合重组，引起了美国哈佛商学院的重视。资深教授鲍沃先生带了几个学生，深入我正在整合的南方水泥调研几个月时间，写出了一个案例。他们把案例拿给我看，我看后大吃一惊。整个案例写得极其简单直白，写了整合水泥的起因、整合的方法和效果，让人一目了然，通篇没有一个数学公式，也没有数字曲线和表格。2019年，也就是十年之后，我还专程去哈佛商学院就这个案例进行了演讲。

这几年，我带领中国建材做的水泥重组和三精管理，也两次获得全国企业管理现代化创新成果一等奖。成果的写法也比较简单，就是把起因、目的、措施、效果、案例、结论这些说清楚，让大家能看明白、看进去。

三、 知行合一的管理研究

管理大师德鲁克先生主张企业管理应知行合一，并且认为首先"是行不是知"，他这句话表明了企业管理研究的实践性特点。综观德鲁克的管理书籍，里边布满了他对企业案例的研究；其实我了解美国一些大企业管理特点大部分来源于读德鲁克的书，德鲁克的书籍中也鲜有数学公式和曲线。

和德鲁克先生一样，陈春花老师也注重实践，投身于华为、新希望、云南白药等进行实战性研究，所以陈春花老师写的书有广泛的企业读者。在当前下形势，不少企业研究学者为企业出招应对困难，获得了企业界的一致好评。企业管理研究和一些纯理论研究不同，它必须以企业为对象进行研究，必须对企业进行深入的调查研究。

我经常拿医学院和商学院进行比较。在医学院大部分教授都去临床，因为只有具备临床经验才能真正更好地进行教学。医学的研究建立在解剖等办法上，就是那种追根溯源的做法。医疗上还有个办法很值得企业学习，就是会诊制度，大家针对病人的病情和医疗方案共同研究，以减少失误。医学界的临床和会诊模式很值得我们企业管理界学习，医学最终是为了治病救人，而管理说到底是为了做好企业。

当然讲这些，并不是要求我们每位做管理研究的学者人人都去搞一家企业，这既不可能也没有必要，而是希望我们做管理研究的人员要深入企业，更多获得企业一手资料，为企业提供服务，这应是我们做管理研究的思想基础。我对商学院的教学也赞成在录取和教学中注重实践性，毕竟商学院的教育是实践性和继续性教育。我也赞成在商学院里增加有实践经验的企业家作为实践教授，形成"教授＋教练"的教师结构，企业家的进入也会促进管理研究的实践化。

　　虽然讲了很多管理实践的意义，但我还是十分赞成加强管理理论的研究。而且，在从事管理的过程中，我也十分受益于管理理论的学习。同时我也主张更多的企业家来学习管理理论，我认为只凭经验不学习管理做不好企业；反之亦然。

　　关于讲好中国故事，我认为这是我们目前要特别重视的问题。企业管理毕竟是以研究企业为对象的，工业革命后管理热潮产生于英国，20 世纪上半叶美国独领风骚，而后日本跟上，现在应是讲中国企业故事的时代了。

　　事实证明，企业管理理论是与经济发展和企业成长分不开的。现在我国经济整体规模已经达到世界第二位，而世界 500 强企业的数量已经位列全球第一。尤其随着互联网、5G、AI 等一批新经济企业的快速崛起，在这个时候我们应该有自己特色的企业管理理论了。以前袁宝华老先生提出我国企业管理理论要"以我为主，博采众长，融合提炼，自身一家"的这一主张，今天具备实现的条件了。

　　作者简介：

　　宋志平，管理工程博士，中国上市公司协会会长，中国企业改革与发展研究会会长。作为杰出的央企领导人，宋志平曾同时出任中国建材集团、国药集团董事长，并带领两家企业双双跻身世界 500 强行列。

　　（原文由微信公众号"工商管理学者之家"于 2020 年 4 月 7 日发表：https：//mp. weixin. qq. com/s/u10P3BfRwwmr1koakqwwWQ。）

发展管理理论，完善管理研究

王建宙

关于发展管理理论、完善管理研究的讨论，不仅得到学术界、教育界人士的重视，也引起了企业界的关注。结合本人多年来在企业的工作经历，我也谈谈自己的看法和建议。

一、 时代召唤新的管理理论和管理方法

毫无疑问，现代管理理论在中国企业的成长和发展过程中，发挥了很大的作用。现代管理理论适应了工业经济和科学技术的发展，借助多学科交叉作用，将经济学、数学、统计学和计算机技术应用于企业的管理研究，有利于实现企业的系统化管理。现代管理理论在企业的应用，提升了企业的管理效率。

但是，随着经济、技术的发展和自然环境的变化，企业明显感觉到现有管理理论的局限性。

首先，评价企业的标准发生了变化。按照多年来形成的观念，如果一个公司提供了使消费者满意的产品和服务、具有优良的财务业绩、给予股东丰厚的回报，而且为员工提供了很好的工作条件和发展机会，这样的公司无疑是非常优秀的公司了。但是，今天，当地球面临环境污染、气候变化、能源短缺、水资源枯竭等各种挑战的时候，一个公司不仅要对自己的股东、消费者和员工负责，还要对所有的利益相关

者负责；除了有好的财务业绩，企业还必须重视保护环境、节约资源、减少排放，并参与公益慈善事业。

企业已经普遍开始重视环境保护、社会责任、公司治理（Environ-ment，Social Responsibility，Corporate Governance，ESG）了，但至今仍然缺乏统一的评价体系，无法对不同类型的企业进行全面评价。这是一个很现实的问题，需要学术界与企业共同努力来制定新的企业评价体系，就像当年确定企业的财务评价体系一样。

其次，企业的竞争理念也发生了变化。经典的竞争理论一方面强调提升企业自己的竞争能力，另一方面则是要给竞争对手制造壁垒。但今天，我们要强调的是企业间的协调共处、分享资源，达到合作共赢的目的。企业不仅要关注企业价值链，还要关注整个行业的生态系统。

我们可以看到各种关于竞争战略、竞争策略、竞争方法的研究成果，其实，今天还需要有更多的关于企业合作共赢方面的理论研究。

最后，科学技术的变化也在推动企业管理的变化。智能手机、云计算、传感器、物联网、5G、人工智能等，成百倍地提升生产效率，改变了商业活动的技术基础，也改变了管理方法。

新的技术成为企业创新的来源。这种以新知识为来源的创新与其他类型的创新有一个显著的区别，那就是人们无法事先从市场直接了解到消费者对这项新知识的实际需求。只有把创新的成果拿出来，才能接受市场的检验，我们使用多年的市场调查方式在这里没有作用。

特别需要指出的是，现代管理理论的形成，主要基于西方企业的成功实践。在过去的几十年里，中国企业迅猛发展，成为全球供应链的重要部分，还创造出许多企业管理的新方法，我们非常有必要将这些原创的成功经验总结成管理理论。

二、　管理理论要吸收中国古代经营理念的精华

在我们发展管理理论、完善管理方法的过程中，要重视传承中国

古代经营思想，吸收中国古代经营理念的精华。

在涉及中国古代经营理念的书籍中，我印象最深刻的是《史记·货殖列传》。这是《史记》中专门记叙从事经营活动的杰出人物的一个篇章，记载了许多精彩的经营理念。许多理念在今天的经营活动中仍然适用。

当我第一次读到《史记·货殖列传》中所记载的春秋时代计然所说的"旱则资舟，水则资车，物之理也"这几句话时，就感到了一种震动，有一种豁然开朗的感觉。"在干旱的时候要备好船只，以防洪涝；在洪涝的时候就要备好车辆，以防干旱。"这不就是现代企业经营中常说的前瞻性和差异化吗？

前瞻力是企业领导力中最重要的因素。 在我的职业生涯中，遇到过多次令人难忘的前瞻性决策，这些决策直接影响企业的未来发展。

2005 年，城市移动通信正处于大发展的阶段，中国移动决定在农村地区全面建设移动通信网络。2007 年，中国移动通过收购的方式进入了巴基斯坦移动通信市场。2009 年，刚拿到 3G 牌照的中国移动就大力投入 4G 的研发和试验。

若干年以后，这些决策被公司的经营业绩验证是正确的、及时的。以开发农村移动通信市场为例，2007 年，由于移动通信网络全面覆盖了农村，农村通信收入成为中国移动增收的新引擎，公司收入和利润大幅增长，中国移动成为全球市值最高的电信运营商。

但是，事前在做出这种前瞻性的决策时，总会感到很艰难，总会听到反对的声音。在决策的过程中，我常常用"旱则资舟，水则资车"的理念鼓励自己、说服别人。

《史记·货殖列传》中还提到了战国时期的商人白圭，他提出的"人弃我取，人取我与"的理念，这与沃伦·巴菲特所说的"要在别人贪婪时恐惧，在别人恐惧时贪婪"简直是同出一辙，但是他们相差了 2000 多年。

这些偏重于定性分析的经营理念，对于今天的企业仍有启示作用。

成功企业和成功企业家的实践证明，企业领导人的战略目光、对行业趋势的深刻理解，对企业未来的发展具有很重要的作用。

中国企业进入国际市场以后，必须要适应当地的文化和环境。同时，中国企业也可以把自己的优秀企业文化带到海外，发扬光大，这样能够更好地发挥中国企业的优势。

中国移动的企业文化汲取了中国古代文化的营养。"正德厚生，臻于至善"是中国移动的核心价值观。"正德厚生"语出《尚书·大禹谟》："正德、利用、厚生、惟和。""正德"强调企业和员工的个体责任和对自我的约束，"厚生"则强调社会责任和对社会的奉献。"臻于至善"源自《大学》："大学之道，在明明德，在亲民，在止于至善。""臻于至善"是指要达到并处于最完善、最完美的境界。

辛姆巴科是中国移动全资拥有的巴基斯坦公司，共有 3000 多位巴基斯坦本地员工。辛姆巴科管理团队向全体员工传授中国移动的核心价值观，巴基斯坦的本地员工都能理解，并认真践行公司的核心价值观。

我曾给来北京进行短期培训的辛姆巴科的巴基斯坦员工上过课，并与他们一起讨论中国移动的核心价值观"正德厚生，臻于至善"。参加培训的巴基斯坦员工们表示非常认同中国移动的核心价值观，愿意将此作为自己的行为准则。一位巴基斯坦员工发言说："我理解的'正德厚生，臻于至善'就是每一个中国移动的员工都要担负自己的责任，在工作中争取完美。"我很赞同他的见解。可见，这种源自中国古代文化的理念也适合于企业的海外经营。

将中国古代经营理念的精华融入管理理论之中，可以使管理理论更加充实，更适应中国企业的实际情况和未来发展。

三、　企业对管理研究的期待

企业对管理研究充满期待，优秀的管理研究成果会对企业改善管理起到指导作用。企业的发展过程就是一个不断优化管理的过程,积极进取的企业,会不断探索改善企业的管理。但是,如果能借鉴管理研究的成果,会更快提升企业的管理水平。这就是许多企业愿意花重金聘请管理咨询公司的原因。

企业关心的不是管理研究项目是否使用复杂的数学方法、是否使用了最先进的分析软件,企业也不关心管理研究成果发表在什么刊物上、得过什么奖,企业最关心的是管理研究成果的实用性。

我有时会将管理学的研究报告与投资银行的研究报告做些比较。由于中国移动是在中国香港和美国纽约上市的公司,我本人会花很多时间阅读投行分析师的研究报告。每次我与学术界的人士谈到投行的研究报告,他们都会露出不屑一顾的神态,他们认为这些报告根本谈不上"研究"二字,毫无学术价值。有一位高校的老师甚至称之为"垃圾",劝我们不必去读。

但是,有一点是不能否认的,那就是投行的研究报告有明确的目的——引导投资者。投行分析师根据公开披露的上市公司运行数据,分析公司状况,提出公司股价的走势,确定公司的目标价,并建议投资者"买入""持有""卖出"这个公司的股票。每年甚至每季度,财经媒体都会发布投行分析师的排行榜。排序的依据也很单一,那就是哪位分析师预测的公司股价与实际结果更接近。

不管企业领导人是否喜欢投行的研究报告,他们都不得不花时间去阅读,因为这些报告会直接影响自己公司的股价。每次我与国际电信公司的 CEO 等谈起投行的研究报告,他们也都有同感。

管理学的研究报告与投行的研究报告是不一样的,但是管理学的研究报告也需要有一个明确的目标,这点倒是可以借鉴投行的做法。管理学研究的目的应该是应用,特别是让企业能够应用管理学的研究成果,改进企业管理,提升管理效率。

5G 已经来了,给企业带来了许多机会。除了电信运营商和电信设备制造商以外,众多的中小企业都可以参与 5G 的应用开发。我见到许多中小企业的领导，他们参与5G应用创新的热情很高，但不知道如何着手。

5G的网络正在快速建设之中，5G的手机终端也已投入商用，但是，5G究竟可以带来什么样的应用呢？在消费者尚不明白5G的实际用途时，企业无法使用一般的市场调查方法来了解市场的需求，决定开发什么样的产品和应用服务。

我总是告诉那些开发者，要开发5G应用，首先必须对5G的技术性能有透彻的了解，其次充分发挥自己的想象力。**我特别期待管理学者们能够从方法论的角度来帮助这些企业，让他们展开想象的翅膀，进入5G创新浩瀚无穷的天空。**

作者简介：

王建宙，中国移动原董事长，中国上市公司协会原会长，曾担任世界经济论坛达沃斯年会（2008）联席主席，被美国《商业周刊》评为"2006年全球最佳CEO"，荣获70年70企70人"中国杰出贡献企业家"称号。

（原文由微信公众号"工商管理学者之家"于2020年4月8日发表：https：//mp. weixin. qq. com/s/LH4l1hV5VhE2BLZR6NMDTQ。）

管理学者的道德责任

——理论与实践的一致性

卫　武　　陈正熙

自泰罗提出科学管理理论以来，管理学的科学性得以提升，研究者们越来越关注基于自然科学研究方式所建立的理论，而忽视了作为一门社会科学，管理学所应考虑的社会伦理和价值观念。

上述趋势，导致管理研究得到的理论能否有效地指导实践，似乎变得不那么重要了……而不好的理论，给现实带来的负面影响，也正在影响管理学作为一门科学的合法性。

本文将从管理研究中的价值导向偏差、对理论的过度关注、不好的理论对管理实践的负面影响以及研究结果的难以复制性四个方面说明，它们是如何造成管理理论与实践的不一致性，以及管理理论对实践的指导性不足等问题。

管理学的服务对象除了管理学者，更多的是企业、企业家和管理人员。保持管理理论与实践的一致性，让服务对象真正受益，是管理学者开展研究时所必须保持的底线和责任，也是管理学界必须关注的问题。

一、 商学院的研究中不存在价值中立理想

科学哲学的**核心争论**之一是**"价值中立理想"**的概念。

与科学相关的价值大致分为两类：第一类是**认知价值**。科学研究中，一般通过概念和逻辑来系统化地阐释现实中的各种现象，从而帮助人们认知世界中的各种规律，并使用这些规律改造和预测未来。认知价值可作为标准来评价科学推理和证据的充分性。第二类是与科学活动无关的价值观，也被称为**非认知价值，包括社会伦理、道德等**，这些非理性的因素影响人们在各类过程中的决策（包括科学过程），给同一知识带来不同的实际意义和后续影响。

所谓**"价值中立影响"**，其基本前提是科学工作只强调认知价值，**而忽视非认知价值**；以内在的科学价值（如可靠性、有效性、解释力）为指导，而不受社会价值（如正义、伦理）的影响，因为这些不是科学过程的固有部分。

科学家的作用是客观地发现知识，不受任何环境因素的影响。**科学家只对本领域其他科学家负责，而不对本领域以外的人负责**。这却已成为管理学界较为普遍的现象，使学界进入封闭的状态和"象牙塔式"的怪圈，让人对研究成果的实际应用表示担忧。

现象一：学术会议只邀请学者参加，不邀请一线的企业界人士参与；会议中充斥着大量的专业术语，企业界也听不懂术语的具体含义；学者不接触学术圈外的人，不接触企业家和专业人士，只埋头做"研究"。

现象二：管理学科已划分出诸多分支领域（战略管理、人力资源、市场营销、创新创业等），很多学者只专注于自己的领域，强调本领域对管理的重要性，导致知识面越来越窄，研究领域变得越来越封闭，而忽视了管理学需要的是跨学科多领域创新，以及不同学科领域界限已日益淡化的事实。

另外，价值中立理想的反对者认为**科学的主要目的是满足人类的需要**。经过几十年的争论，现在得出的普遍结论是：**价值中立理想是不可能的，价值中立理想是一种与科学工作现实不符的幻觉。**

商学院的研究也同样如此：

首先，虽然管理学通过采取自然科学研究模式取得了作为一门科学学科的合法性，但必须要注意到，**商学院的研究属于社会科学领域，道德、伦理、正义等非理性的因素是其必须重视的研究因素**。

其次，与其他科学类似，商学院的研究旨在理解和解释管理、商业和组织领域中的经验主义难题。**与实践的相关性是商学院研究的核心**。商学院的研究既有认知价值，也承载着社会（非认知）价值。商学院的使命是开发有关商业组织的知识，并利用高质量研究获得的知识来培训商业领袖和管理人员。因此商学院的研究必须与实践相结合。

商学院的教授是否应该既懂理论又懂实践？ 但是，当前商学院的教授逐渐分成两类：一类更重视学术理论，另一类更重视企业实践，双方相互看不起对方，这也让教授内部出现割裂。因此，现在商学院对教授们的评价方式，除了至少要有高水平学术论文的发表，这是作为学者应该具备的先决条件，还应关注他们是否对企业提供实际咨询帮助，是否对政府提供有益的政策建议，以及是否用论文的学术理论观点去解决实际问题。

二、 管理领域对理论贡献的热爱过犹不及

众所周知，**管理领域的顶级期刊要求所有的稿件都要对理论做出贡献**。投稿人必须做出有趣的理论模型，才能得到顶级期刊的青睐。理论帮助我们获得理解，但理论本身并不是目的，一味强调理论贡献会阻碍我们对实践的理解。

在评估一篇论文是否"对理论有贡献"时，审稿人几乎总是采用"论文必须提出新的理论观点"作为逻辑解释的标准，很少考虑理论是否已经经过了测试。而且不幸的是，有些现有理论的测试都不合格，**这意味着管理领域荒谬的想法比率较高，意味着我们假设的比我们知道的要多**。

所有其他学术领域重视对先前提出的理论、观点和操作机制的直

接测试，然而管理领域专注于理论的新解释和修正，却轻视简单的证据。以至于**我们更关心新奇的东西，而不是正确的东西**。对理论贡献的过度热爱，让管理领域的研究倾向于价值中立理想，为研究而研究，没有充分考虑理论在管理实践中的应用和价值（当然包括社会价值）。在学术交流过程中，只注意模型的有趣性和新颖性，不敢或不愿将模型放到实践中去验证。这种对理论的盲目崇拜和自以为是，恰好是暗示了管理学在学术上缺乏安全感，陷入了"象牙塔式"的理论研究。

科学管理理论强调，科学管理的中心问题是提高劳动生产率，可以应用科学方法确定从事工作的"最佳方式"，对管理思想和管理理论的发展做出了卓越的贡献，但没有对管理中人的社会因素和作用给予足够重视。

霍桑实验的初衷是进行有关科学管理的试验，想通过改变工作条件和环境，找出提高生产率的途径，却通过实验发现了科学管理理论无法解释的有趣现象。基于这种来自实际证据，霍桑试验对古典管理理论进行了大胆的突破，第一次把管理研究的重点从工作和物的因素上转到人的因素上来，不仅在理论上对古典管理理论作了修正和补充，开辟了管理研究的新理论，还为现代行为科学的发展奠定了基础，导致了管理实践上的一系列变革。

20世纪管理理论就是在这样不断发现新实际证据的迭代中不断发展起来的。

然而，现有的管理研究并不是根据新的证据提出新的理论，而是用已有理论去解释新的现象，并对已有理论进行修正。这样的研究方式无法突破已有的理论体系，也无法创造新的理论解释新的事物，让管理学的研究陷入因循守旧的怪圈。**进入21世纪以后，这种新的管理理论的产生似乎停止了。**

克服这些问题的关键，**在于改变评判的标准**。

管理领域的领先期刊应该纳入那些对理论没有直接贡献，但却具有巨大实际潜在影响的论文。这些论文可能会发现令人信服的经验模式，迫切需要未来的研究和理论来解释。它们可能是重要但未被探索的现象的定性描述，进而可能会促进新理论的产生。"对理论的贡献"的要求将被**"论文是否有很高的可能性刺激未来的理论研究，研究将极大地改变管理理论和实践"**所取代。有了这个标准，一些按照现行标准发表的文章将不再符合发表资格，最优秀的期刊上将为更重要的新类型文章留下空间。

三、 不好的管理理论破坏好的管理实践

有学者表明：与管理相关的学术研究某种程度上正在对管理实践产生消极的影响。商学院的研究越来越多地采用"科学"模型，它要求理论建立在尖锐假设、局部分析和演绎推理的基础上，同时排除人类的情感或选择，并拒绝任何道德或伦理方面的考虑。

这样的方式，**在管理者的世界观中注入了一系列主导管理研究的想法和假设，将学者从道德责任感中解脱出来。**同时，**对个人和机构持悲观假设**的意识形态逐渐渗透到管理理论所植根于的大多数学科中，这种假设认为社会理论的主要目的是解决由人类缺陷引起的社会成本的"消极问题"。

上述两者的结合逐渐让管理研究所依赖的前提假设变得不真实且有偏见，让研究分析变得片面。与自然科学理论不同，**社会科学中的理论往往是自我实现的，上述两者引发的偏见也会通过自我实现作用到管理实践中，产生负面影响。**例如，一个假设管理者不能被信任的公司治理方案，会使管理者变得不那么值得信任。无论一开始是对是错，这个方案都可以随着人们调整他们的行为，而让管理者变得不值得信任。

在某些领域，没有什么比一个好的理论更实用，没有什么比一个坏的理论更危险，坏的管理理论目前正在破坏好的管理实践。

奥利弗·威廉姆森在交易成本经济学中对机会主义的分析认为，

如果违背承诺的收益超过成本，机会主义者就会立刻行动。如何在组织中有效管理"机会主义者"造成的负面影响？理论很简单：管理者必须知道每个人应该做什么，并对产出做出监制和奖惩，管理者运用等级权威防止机会主义者损人利己。

实际结果与威廉姆森的理论预测完全相反，这样的管理方式创造和加强了员工的机会主义行为。基于"通过等级权威可以控制员工的机会主义行为"的假设，对于原本是非机会主义员工而言意味着不信任，这种不信任进而降低了员工合作的动机和自我认知，反而促进了员工机会主义行为的发生。不好的管理理论对管理实践的负面影响由此可见。

再举个现实的例子：根据诞生于 1976 年的**"代理理论"**，公司的管理者和所有者之间存在**目标冲突**，所有者很难约束管理者的行为。因此如果一个公司增加管理者对公司的所有权，理论上可以加强目标的一致性。基于这个理论，自 1976 年以来，美国企业大量使用了基于股票的高管薪酬结构。

然而实际数据显示：1976 年以前，CEO 们为股东赚得更多，而相对薪酬更少。而 1976 年以后，CEO 们通过股票获得的薪酬显著增加，但股东的收益却没有显著增加。股东和 CEO 们的目标一致性并没有得到提高。从理论角度说，**"代理理论"符合正反馈机制，简洁优雅，是一种看起来非常科学的理论。可是由于它忽略了人性中很重要的一点——贪婪，导致期望的正反馈未能如期到来。**

这些例子生动地说明，管理研究中不能忽视非认知价值，社会科学家比物理学家具有更大的社会和道德责任，如果他们将思想隐藏在科学的借口中，可能造成对企业实践更大的伤害。

四、 研究结果难以复制导致实践意义的可靠性不足

使用大量统计学方法的研究范式，已被学者们广泛采用，但这种

方式背后的理论基础和可靠性所带来的问题却被误解或忽视。

目前主流的零假设统计检验（Null Hypothesis Statistical Tests, NH-STs）是许多学术研究领域定量实证研究的核心，但最近的研究**对与零假设统计检验相关的许多问题和它的制度背景提出了质疑**。NHSTs 关注 p 值大小，p 是在原假设为真的情况下，样本值与实际观测值相同的概率。p 值的大小通常被用来衡量结果的强度，较小的 p 值被认为是更有力的证据。

在 p 值显著的情况下，是否表示研究结果一定具备实际意义呢？答案是否定的，原因是由于这些研究的环境和背景不同，结果未必可以复制。有统计数据表明，超过 70% 的研究人员曾试图复制另一个科学家的实验并以失败告终，而超过一半的研究人员竟无法复制自己的实验。

有多少文献的研究结果是可重复的？这方面最著名分析是针对心理学和肿瘤生物学文献的，这两个领域的可重复性只有 40% 和 10%。所以，p 值的显著不能代替可重复性成为研究结果有效的保证，强行对这些结果进行解释会带来不当的理论和有偏差的引导。

复制有多种形式，包括使用相似环境中的不同数据样本来检测原始研究的稳健性，或将结果推广到不同环境。只发表有统计意义的结果，不发表重复验证结果，无法保证统计结果的有效性。在一项研究中，一个重要系数的结果显著能证明的东西很少（甚至没有），但它建立了初步的证据。

一方面，对重要系数进行一次没有统计显著性的复制并不能证明任何事情，**能被复制验证的统计结果在某种程度上更具有实际意义**，积累可复制的知识在某种程度上得到可靠性高的研究成果。另一方面，**能不能从 p 值不显著的研究中发现有意义的内容，也是需要思考的问题**。从统计学方法看，p 值不显著的研究结果不能作为假设的有力证据，但这不能掩盖研究过程中暴露出来的问题。针对这些问题做进一步研究，很可能帮助我们找到新的理论和方法。

基于上述论述，我们明白了当前管理学研究方法中的一些问题及带来的负面影响，也明白了在接下来的研究中，提出具有现实指导意义的理论所面临的挑战。

由于科学的权威性，公众期望科学家是负责任的专家和人民的公仆——他们能确保科学知识可靠地指导政策和实践。基于这种信任，管理学者在解释和预测商业世界的过程中，他们有道德和责任保持研究过程中价值观念的公正；通过理论的创新，更好地解释和预测新的事物；通过跨学科、跨领域、与一线管理人员的碰撞提出新的理论；在基于统计学方法做研究时能规避统计学方法的不足，找出真实的问题并解决它。追求理论对实际的指导意义，避免为理论而理论的"象牙塔式"研究，以建立理论与实践的一致性，有效地指导实践，推动理论和实践的进一步发展。

作者简介：

卫武，武汉大学经济与管理学院教授，博士生导师，在《管理世界》《管理科学学报》以及 AMJ、JAP、JPSP、OBHDP、PP 等期刊发表学术论文，出版学术专著 3 部和教材 1 部；主持国家社科重点项目、国家社科基金项目、国家自科基金项目、教育部人文社科基金项目等课题；荣获湖北省社会科学优秀成果奖"三等奖"，武汉市社会科学优秀成果奖"三等奖"，美国管理协会年会 AOM 最佳论文奖，武汉大学本科优秀教学业绩奖，武汉大学经济与管理学院研究生教育贡献院长奖。

陈正熙，武汉大学工商管理硕士（MBA），具有十余年软件开发管理和人力资源管理经验。

参考文献

[1] Bettis, R. A., et al. (2016). Creating repeatable cumulative knowledge in strategic management: A call for a broad and deep conversation

among authors, referees, and editors. Strategic Management Journal, (37): 257 – 261.

[2] Douglas, H. (2009). The Moral Responsibilities of Scientists. Science, Policy, and the Value – free Ideal (Chapter 4). Pittsburgh: University of Pittsburgh Press.

[3] Ghoshal, S. (2005). Why bad management theories are driving out good management practices. Academy of Management Learning & Education, 4 (1): 75 – 91.

[4] Hambrick, D. (2007). The field's devotion to management theory. Academy of Management Journal, 50 (6): 1346 – 1351.

[5] Risjord, M. (2014). Philosophy of Social Science: A Contemporary Introduction. New York: Routledge.

[6] Tsui, A. S. (2016). Reflections on the so – called value – free ideal: A call for responsible science in the business schools. Cross Cultural and Strategic Management Journal, 23 (1): 4 – 28.

（原文由微信公众号"工商管理学者之家"于 2020 年 4 月 30 日发表：https://mp.weixin.qq.com/s/3CkAMYBxh74QtJjoR6GYZA。）

做"无价"的科学研究

黄　旭

一、"明码标价"的科研成果

在过去的几十年里，中国的商科教育和商学研究不断发展。中国管理学研究也不断进步，这种进步常常被表达为"我们的学者在国际A级期刊上发表了很多文章"。

事实上，"以发表论英雄"已逐渐成为我国管理学科研评价体系的普遍现状。各大顶尖商学院纷纷建立类似"美式终身教职"的制度（tenure），设立期刊排名，按期刊排名和论文发表数量考量学者绩效，并以此为基础决定其奖酬和晋升。

于是，科学被"明码标价"。

于是，在顶级期刊上发表论文——而不是寻找真理——成为了科学研究的目的。

于是，"如何在顶级期刊上发表论文"——取代"如何做优良的科学研究"——成为了很多初级教师和博士生钻研的方向。

然而，论文发表并不完全等同于科研能力，让奖酬晋升完全取决于论文发表，未必能达到理想的激励效果，甚至可能威胁到整个管理学研究的未来。

二、 科研可重复性危机

当在顶级期刊上发表论文——而不是寻找真理——成为科学研究的目的，不可靠的研究结果就开始渗入文献中，最终造成了学术文献（Lewin et al.，2016）和大众媒体（The Economist，2016）广泛讨论和报道的"科研可重复性危机"。

科研可重复性危机，首先表现为研究结果的不可复制性。以发表期刊为目标，学者们更加关注数据分析结果的显著与否，毕竟只有结果显著，论文才更有可能发表，学者才更有可能获得高的绩效和更漂亮的履历。对许多学者而言，论文发表就像是"一锤子买卖"，研究结果的可重复性似乎没那么重要。

近五年来，笔者每年都会读到抱怨科学领域的，尤其是社会科学领域的"科研可重复性危机"的文章，其中 Camerer（2018）等的重复性实验研究结果令人印象深刻。由五个实验室组成的协作团队对 21 个已发表在 *Science* 或 *Nature* 杂志上的社会科学实验进行了复制，最终超过 1/3 的研究结果未能被成功复制，并且复制成功的那些与原始研究相比证据也显著较弱。

科研可重复性危机，还表现在重复性研究的数量少、生存空间小。论文发表的期刊排名越高，学者们获得的奖金和晋升机会就越大。自然而然地，一流水平的优秀论文纷纷往 A 级期刊汇聚，而 A 级期刊的评审标准也逐渐成为论文质量评估的风向标。由于 A 级期刊更注重论文的理论性和新颖性，重复性的研究很难被其接收，所以许多学者不愿意去做重复性的研究，导致可重复性研究的数量日益稀少。

这种由于"明码标价"带来的可重复性危机，不仅不利于新知识的获取和积累，也不利于识别有用知识，进而影响实践领域的应用。

如果一项科学研究得出的结果令人兴奋，但不能被重复，那么它实际上是没有任何价值的（The Economist，2018）。我们做学术研究，无异于踩在前人的肩膀上更进一步，也就是在旧知识的基础上创造新知识。"地基不牢，地动山摇。"无法重复的研究结果，很难引导后来者在正确的方向上更进一步。

此外，美国俄勒冈大学的心理学家 Sanjay Srivastava 在接受《知识分子》采访时表示，重复性研究对于任何一门科学来说都是重要的，因为它让我们辨识出那些最值得信赖的研究结果。没有经过重复性研究检验的知识是不确定的，难以信服的，只有在坚实的知识地基上，我们才能安心创造知识，也只有经过多次检验的知识，才能拿来在实践中运用。

三、 学术圈的 "怪现状"： 先登顶， 后悟道

明码标价背后的问题，不仅在于可重复性危机，即科研成果严谨性和可靠性的下滑。**"唯发表论英雄"的影响在期刊、商学院、学者甚至研究生等各个层面层层嵌套，造成了学术圈"先登顶、后悟道"的"怪现状"。**

对商学院而言，学术发表情况决定了学院的声誉或认证指标，这些考核压力被分摊在了教师（有的高校甚至包括博士研究生）的身上。发表就像是"紧箍咒"牢牢套在高校老师的身上，而初级教师们，出于站稳脚跟、评定职称的需要，常常主动或者被动承担了更多的压力。

这种压力使他们没有能力，甚至没有精力去做起步难、出成果慢、未来不确定性大但是很有理论贡献和实践意义的研究。瞄准顶级期刊，发表实证研究文章，因其理论创新难度低、研究进程快、研究成果"标价"高，成为青年学者们自然而然的选择。

令人遗憾的是，科学界最具创造力的年龄是在 35 岁之前，大部分诺贝尔奖得主的科研成果都是在其 35 岁之前形成的。就一般学者而言，自 27 岁博士毕业至 35 岁共有 8 年的黄金创新期，但如果继续以学术发表为标准"明码标价"，这 8 年也会是他们绩效考评压力最大、

最需要出成果的时期。

在这段时间，商学院为维护自身声誉和地位将坚持按照论文发表数量和期刊排名进行绩效考评，学者个人也会迫于形势或者追求晋升，致力于发表顶级期刊而不是扎实地探求真理。最终，八年时间匆匆而过，学界也错失了取得重大理论创新的更多可能。

四、 科学是无价的

这种"明码标价"最根本的危害在于，掩盖了科学的"无价"本质，模糊了科学研究的真正目的。科学是人类智慧凝结成的无价之宝，是我们认识世界、改造世界的重要指南。学者们从事科学研究的目的，应当是努力探求事物的本质，发现其规律，从而帮助人们更好地理解、解释、预测我们所生活的现实世界。

可是，"明码标价"使科学研究为学术发表所代表，使学术发表与奖金、职称相挂钩。无形中，学术发表将科学研究和物质利益联系在一起，科学研究似乎成为了通往"美好生活"的重要途径。

于是，越来越多的学者选择了妥协，他们为了绩效、职称加入发表顶级期刊的大军，忘记了从事科研工作的真正使命，也遗漏下许多具有研究价值、但短期难以获利的研究问题。

随之而来的，"如何在顶级期刊上发表论文"的说辞变得非常诱人且难以抗拒，各类关于"如何在顶级期刊上发表论文"的工作坊也开始风靡全国各地。

然而，当科学由无价之宝转为明码标价的获利工具，当科研工作的目的由追求真理变为追名逐利，当发表顶级期刊取代追求真理成为学者们追求的目标，科学研究还能走多远？

笔者无意于抨击学者们通过科研工作获取收入的权利，也肯定期刊排名对学术成果的评价具有一定参考价值。笔者只是希望我们可以回归追求真理的初心，对科研工作货币化、利益化的趋势做出反思，真正做出无价的"优良科学"。

五、 做无价的优良科学

什么是"优良科学（good science）"？**那些通过严谨的科学方法帮助我们更好地"理解、解释和预测我们生活的世界"的科学才能称之为"优良科学"**（Okasha，2002）。

一方面，优良科学具有科学严谨性，能够经受住重复性研究的考验；另一方面，优良科学致力于"理解、解释和预测我们生活的世界"，它研究的是现实世界的真问题，其研究结果也能为现实世界做出真贡献。

做无价的优良科学，是整个科研学术界的共同使命，需要包括期刊、商学院和学者在内的每一位成员的共同努力。

在提升研究结果的严谨性和可重复性方面，期刊应当首当其冲、发挥好引导作用。Dreber 等（2015）的研究结果表明，科学界作为一个共同体，对某项研究结果是否可复制具有很好的预测能力（该研究中正确预测率为71%）。可见，造成研究可重复性不高的原因之一是当前学术期刊的审查制度不能够有效地淘汰那些不可复制和不可信赖的研究。

为此，我所在的 *Management and Organization Review*（MOR）与许多其他期刊一同率先对评审过程进行了革新，以提高我们的科学严谨性和可重复性（Lewin et al.，2016）。MOR 新的评审过程更加强调研究数据的透明性、结果的稳健性、异常值和零结果的处理等。

除此之外，我们还鼓励作者公开分享他们的数据和研究材料，并推出了新的预注册和预批准的做法。学者可以在研究结果出来之前投稿，如果通过，在程序科学严谨的前提下，无论结果是否显著都可以发表。

除提升严谨性之外，优良科学还强调"理解、解释和预测我们生活的世界",这便要求我们在研究内容上立足实践,研究现实中存在、但未被既有理论解答的真问题,力求真正地服务现实世界。

为此,商学院应当重新设计晋升和终身职位标准,改变"以发表论英雄"的货币化倾向,为学者,尤其是年轻学者,预留出理论孕育和创新的时间和空间;同时,应极力促成学院和实践界的合作,给予学者更多科研经费和数据收集的支持,为学者们提供理论创新的"温床"。

除此之外,商学院及其教职人员在博士教育项目中,应当重视教育我们的初级研究人员做"无价的优良科学",引导他们树立正确的学术使命观。无论是授课还是研讨会,都应当将"如何做优良的科学研究"——而不是"发表顶级期刊"——作为教学重点,实实在在地提升初级研究人员的科研能力。

最后,做优良的科学研究离不开每一名普通学者的努力和自律。我们每一个人都应当不忘追求真理的初心,恪守数据的严谨性要求,努力做有助于理解、解释和预测现实世界的有价值研究,真正做到研究结果于知识积累可靠,于现实实践有用。

作者简介:

黄旭,香港浸会大学教授,商学院副院长,管理系系主任,MBA和商业管理科学硕士(MScBM)项目主任,*Management and Organization Review* 副主编。

参考文献

[1] Camerer, C. F., et al. (2018). Evaluating the replicability of social science experiments in Nature and Science between 2010 and 2015. Nature Human Behaviour, (2): 637 – 644.

[2] Dreber, A., et al. (2015). Using prediction markets to estimate the reproducibility of scientific research. Proceedings of the National A-

cademy of Science（PNAS），112（50）：15343 – 15347.

［3］Lewin，A. Y.，et al.（2016）. The critique of empirical social science：New policies at management and organization review. Management and Organization Review，12（4）：649 – 658.

［4］Okasha，S.（2002）. Philosophy of Science：A Very Short Intro-duction. New York：Oxford University Press.

［5］The Economist.（2016）. A Far from Dismal Outcome：Microecon-omists' Claims to Be Doing Real Science Turn Out to Be True. March 5th – 12th：67 – 68.

［6］The Economist.（2018）. Betting on the Result：Experts Are Good at Figuring Out Which Experiments Can Be Replicated. September 1st – 8th：66.

（原文由微信公众号"工商管理学者之家"于 2020 年 5 月 6 日发表：https：//mp. weixin. qq. com/s/mZCoJWcMuAecw2y3IWCQ_ A。）

面向实践的管理学研究转型

白长虹

《管理世界》杂志 2020 年第 4 期的"编者按"——《亟需纠正学术研究和论文写作中的"数学化""模型化"等不良倾向》，在管理学界引起热烈反响。许多学者通过网络渠道直抒宏议卓见，提出纠正定量方法泛滥的各种措施，把这种风气和理论研究与管理实践脱节的现象联系起来，话锋所向，直指管理研究的学术方向。

《南开管理评论》自 2017 年第 6 期起，借"主编寄语"持续倡议管理学科的实践取向，希望改变管理研究中的不良倾向，推动理论界与实践界的"知识旋转门"。我们认为，"一流的管理学研究，应当体现鲜明的时代气质，应当具有积极的实践意义"。

管理学的理论研究与管理实践脱节，既有体制原因，也有学术期刊的导向、学术风气乃至学术界与企业界的固有隔阂等多种原因。要使理论研究与管理实践深度结合，仅靠改变学术期刊的选题方向是不够的，需要在多个环节上做出有力度的调整。

近年来，国家在职称制度改革、高校体制改革方面出台了一系列重大举措，清理"唯论文、唯职称、唯学历、唯奖项"专项行动正在展开，学术研究的体制环境正在优化，包括学术期刊在内的其他环节也须大力改进。

为此，《南开管理评论》有必要重申对管理学面向实践研究转型的几点主张。

一、 管理学科的实践属性

推进学术转型，首先应该厘清管理学的学科属性，摆正学术性与实践性的关系。实践性是管理学科的基本属性，意味着理论成果必须能够服务于管理实践，或者说理论必须为实践者提供有益的帮助。

管理者具有主观能动作用，管理实践又发生在复杂、变化的情境中，人们很难找到两个完全相同的情境。由此，许多管理理论都不大可能为管理者提供精确的指导，无法对一些事物进行准确预测，从而不具备普适性。

故而，管理理论用于实践的主要方式是启发管理者，帮助他们深化对现实事物的理解，拓宽视野，丰富思路，构建合理的逻辑。

二、 管理学科好理论的特征

"好理论莫过于实用。"面向实践不是不要理论，而是需要好的理论。

之前，我们把管理学科好理论的特征归纳为真实性、融贯性、有效性、简约性四个方面：

真实性——无论观点源自何处，是猜想、推理或是受其他理论启发，它所对应的现象必须在实践中被真实观察到，才能升华为理论。

融贯性——新生的理论应该和大家公认的理论相融合，如果新理论否定了已有理论体系的某一部分，也应该与其他部分保持逻辑的一致性。

有效性——新理论能够给管理者更多的启发，使他们更好地理解现实事物，为他们探索未来提供更多的知识。

简约性——新理论应该简明易懂，不能故作深奥、故弄玄虚，应该方便与企业界人士的交流。

沿着这种思路，人们不难理解，好的理论成果一定要有理论贡献，这种贡献包括对一些管理现象给出更合理或更简明的解释、发现一些理论的使用边界或局限性、针对某些管理情境对已有理论做出修正，以及提出得到实践验证的新理论。

当然，从管理学科百年发展史来看，管理理论成果既不具有普适性，也不具有永久性。因此在理解理论贡献时，有必要放弃以发现管理实践中普遍真理为目的进行理论研究的"本质主义"科学观。事实上，已有学者撰文指出，对数量方法的崇拜恰恰与"本质主义"有一定关系。

三、 如何面向实践做研究？

管理研究要面向实践，就需要深入和准确地观察、领悟实践行为，才可以更好地概括出管理者的决策逻辑，再将这种决策逻辑与现实世界中复杂的因果关系网络相对照，借助已有的理论成果识别决策逻辑中的有效成分，这样才有可能生成有价值的理论成果。

面向实践不一定要降低理论的抽象性，而是要在抽象过程中保留真相的关键特征，好的抽象的理论成果也可以充分地解释实践，甚至能够在一定程度上引领实践。从另一方面讲，现代管理者大多受过高等教育，有很强的学习能力，能够接受抽象的理论。理论的抽象性，并不是导致理论与实践脱节的根源。

管理研究的这种特性，意味着学者们在学术研究中需要对现实事物和管理实践做抵近观察，查明其间的因果脉络，再做出准确的概括。对于中国学者而言，在研究中首选的观察对象自然是中国企业。

这里所说的中国企业是指所有在中国本土上开展经营活动的企业，其中既包括华为这样的企业，能够成功地把西方管理理论转化为企业的竞争力；也包括吉利汽车这样的企业，能够走出一条独特的国际化道路；还包括利用逆杠杆机理成长起来的本土企业，以及面对危机表现突出的跨国公司在华企业，这些都是很好的研究对象。

当然，在条件许可的情况下，研究外国企业在西方社会中的管理实践也不失为一种研究选题，但如果不能对研究对象进行深入调查，仅凭一些二手资料进行推断，很难获得理想的研究成果。

需要说明的是，管理理论虽然不具有普适性，却也不受国界的限制，外国好的管理理论同样可以启发中国的管理者。中国的管理学界要服务于中国的企业，主要就是要把更好的研究成果奉献给中国的管理者。

四、　面向实践也需恪守学术标准

面向实践的学术转型，并不是要降低学术标准，更不是要把学术文章写成通俗故事。学术标准是学术质量的保证，严格的学术标准也有利于遏制学术浮躁，而后者恰恰是理论研究与实践脱节的驱动因素之一。

我们在审稿过程中发现，有四类问题比较突出：

一是构造模型时提出的假设严重偏离现实，使模型完全无法联系实际，损害了理论的应用价值。

二是有些作者在选用一些概念的操作型定义时寻求省力，忘记了操作型定义就像是显微镜的镜头。过于简化的定义等同于粗制滥造的镜头，即使一架显微镜镶金嵌银，这样的镜头也不可能让人看清事物，更不用说深入观察事物内在的机理。

三是在案例研究或其他定性研究中，对真实事例观察不细，证据链缺少必要的细节，实际资料不足却急于构建理论，理论悬浮于现实之上。

四是大量罗列文献，不顾文献的代表性和观点的正确性，有文章在一句完整的话中竟分次出现三四个标注，让人不知作者是在引述他人的观点，还是在做观点合成。这些问题也是学术浮躁之风在文稿中的典型表现。

管理学科面向实践的转型，当然需要企业界的呼应。这就需要打破学术界与企业界双方的隔阂，建立起能够充分沟通、深度交流的合作关系。我们曾经提议，为了实现双方思想共振、知识共创、理论共融，有必要建立起更为畅通的"知识旋转门"。

令人高兴的是，近年来企业界和学术界的交流深度和广度已经得到显著改进，我们也希望以学术期刊为平台，通过多种途径吸引双方的注意力，继续致力于这种知识交流机制的建设，为管理理论研究建立起更坚实的实践基础。

作者简介：

白长虹，南开大学商学院教授、院长，《南开管理评论》主编。

（原文由微信公众号"工商管理学者之家"于 2020 年 5 月 11 日发表：https：//mp. weixin. qq. com/s/pkPtujh_ wOJuIqLf2V5p_ w。）

《管理世界》倡导"讲好中国故事"、反对学术研究"滥用数学"引爆学术圈

布衣学术

　　管理世界杂志社社长、研究员李志军，管理世界杂志社总编辑、编审尚增健，在《中国社会科学报》上发表的题为《反对学术研究和论文写作中的"数学化""模型化"倾向》一文，于 2020 年 3 月 24 日被全国哲学社会科学工作办公室网站转发。3 月 25 日，《管理世界》杂志社官网、微信公众号同时发布了社长和总编辑共同署名的《亟需纠正学术研究和论文写作中的"数学化""模型化"等不良倾向》的文章，该文在其微信公众号点击量仅 2 天就达到 5 万次，文中的倡议引起了经济管理学术圈的共鸣，得到社会科学界的广泛响应。3 月 26 日，同为顶级经济期刊的《经济研究》编辑部在其微信公众号上响应，发表了《破除"唯定量倾向"　为构建中国特色经济学而共同努力——〈经济研究〉关于稿件写作要求的几点说明》的文章，1 天之内点击量超过 2 万次。中国人民大学教授刘军同日在微信公众号"工商管理学者之家"发表题为《如何讲好中国故事？——响应〈管理世界〉"3·25"倡议》等。

　　《管理世界》杂志社旗帜鲜明地提出十条倡导和反对内容，准确地击中了经济管理学术研究和论文写作的痛点和要害，不仅得到学术圈的广泛认同，也得到全国哲学社会科学工作办公室的高度认可。

一、 核心观点： 坚持 "六倡导六反对"， 办好中国经济管理学顶级期刊

针对当前经济管理学学术研究的 "数学化" "模型化" 倾向、思想观点空洞化、研究问题脱离实际、理论创新和学理性不足、崇洋媚外的过度西方化等问题，《管理世界》杂志社的 **"六倡导六反对"**，向学术研究的不良之风宣战、推动纠正不良倾向，以顶级期刊的责任和担当引领中国经济管理学学术研究的前沿走向。

第一倡导：研究中国问题、讲好中国故事。 从我国改革发展的实践中挖掘新材料、发现新问题、提出新观点、构建新理论；着力提出主体性、原创性的理论观点，提炼出有学理的新理论。**反对：忽视国情，照搬外国模式；** 忽略中国特色社会主义制度、人文背景、社会性质等。

第二倡导：做负责任的学术研究。 要为中国的学术发展贡献力量，要为国家经济社会发展服务。**反对：为论文而论文，自娱自乐。**

第三倡导：研究范式规范化，研究方法多样化。 按实际需要使用数学方法，不滥用数学模型，要表达思想和观点的，不玩数学游戏，要做有思想的学术，有学术的思想。**反对：滥用数学方法和 "模型化" "数学化" 倾向。** 不求思想，只求推理和证明逻辑，用复杂的数学模型说明简单的问题；用众所不知的语言讲述众所周知的问题，用数学方法将没有内在逻辑关系的因素生硬建立相关性。

第四倡导：科研诚信。 树立良好的学术道德，自觉遵守学术规范。**反对：学术不端，** 对科研不端行为零容忍。

第五倡导：调查研究和问题导向，鼓励复杂问题简单化。 深入实际、调查研究；把复杂问题简单化。**反对：卖弄博学、故作高深、简单问题复杂化。**

第六倡导：理论创新和知识创新，鼓励大胆探索，学术争鸣。 着

力提出主体性、原创性的理论观点，提炼出有学理的新理论；好文章发在中文期刊上。**反对：一味追求到国外发文章。**

二、 "数学滥用" 现象早已遭到批判， 学术界应倍加重视

著名经济学家保罗·罗默（Paul Romer）在《美国经济评论》2015 年第 5 期上发表了一篇题为《经济增长理论中的数学滥用》的文章，罗默批判"数学滥用"现象，但不反对经济学研究中使用数学，引起了学术界的广泛关注。2017 年第 11 期《管理世界》刊发了《经济学研究中"数学滥用"现象及反思》（陆蓉、邓鸣茂）一文，该文指出"数学滥用"会阻碍经济学思想的创新，学术期刊的同行评议强化了"数学滥用"问题，"数学滥用"还会通过教学活动产生代际影响，提出应注重经济直觉培养、明确有创新的中国经济问题，坚持因果关系辨识，坚持使用数学的简单、适用、严谨。尽管学术界早已对"数学滥用"现象有了共识，但在西方经济学研究范式的框定下，在经济管理学术期刊的评议引领下，在教学活动代际影响下，经济管理学术研究者已形成了根深蒂固的"数学化""模型化"思维，有的学者甚至把研究的重点放在如何使用更为复杂难懂的数学模型上，并沉寂其中不可自拔，忽视了经济管理学的理论研究和思想出新。《管理世界》的倡议，犹如向学术界投入一颗"重磅炸弹"，有望打破一些固化的藩篱，惊醒身在其中的学者们，促使他们自行纠正不良的学术研究倾向。

三、 顶级期刊 《经济研究》 杂志迅速响应， 新的学术评价趋势有望形成

3 月 26 日《经济研究》编辑部发表的《破除"唯定量倾向" 为

构建中国特色经济学而共同努力——〈经济研究〉关于稿件写作要求的几点说明》一文，迅速响应了前一天《管理世界》杂志社的倡议，该文也表达了鲜明的观点，提出学术研究要在遵循学术规范性的基础上避免：思想启迪性、理论创造性、政策参考性方面的独有学术贡献不足；片面追求数理模型应用，而不能理解与阐释模型的经济学意义及对应的现实经济现象，亦不能给出具有原创性、针对性、可操作性的政策建议；"简单问题复杂化"，用复杂的模型及各类方法讨论具有简单直观关系的各种经济现象，而理论创造及政策建议方面贡献微薄；所讨论的经济现象之间的关系缺乏严谨的理论梳理，其间逻辑链条不完整或存在缺陷，在内容上忽视可靠的机制分析，而仅在形式上作实证分析。《管理世界》和《经济研究》均为我国经济管理学的顶级学术期刊，代表了经济管理学界学术的最高水平，是"皇冠"上的两颗闪亮的明珠，是经管学科期刊的标杆，如今在办刊思想和行动上的一致，有望推动经济管理学破除学术研究"唯定量倾向"，走入正确的发展轨道。作为学术界的一员，我们期待在《管理世界》和《经济研究》等期刊的带动下，中国的经济管理学能乘风破浪、披荆斩棘，杀出一条中国特色学术研究之路，让理论自信、文化自信贯穿其中，使中国的经济管理理论创新如中国高铁一般冲向世界的巅峰。

（原文由微信公众号"布衣学术"于 2020 年 3 月 27 日发表：https：//mp. weixin. qq. com/s/zz9LeARdDaTrPnEcKtBQ6Q。）

经济学、管理学顶级期刊同时发出什么样的强烈信号？

中　建

一、　引言

在中国，搞经济学、管理学的人，一般视《经济研究》和《管理世界》为业内顶级的中文期刊，再加上《中国社会科学》杂志，在这三本期刊发表学术成果的难度丝毫不亚于一般的英文 SSCI 期刊。

近日，两刊陆续发布选稿的新动向，其风格的变化中透露出很大的信息量，这里试解读一二，相信两刊的风格变化，对引领未来中国经济学、管理学研究的真学术之风回归，必然会起到极好的引领作用。

二、　两顶级期刊同时发出强烈的学术信号

(一)《经济研究》的官宣

2020 年 3 月 26 日，《经济研究》杂志在其官网上，以《破除"唯定量倾向"　为构建中国特色经济学而共同努力——〈经济研究〉关于稿件写作要求的几点说明》为题，介绍该刊对稿件写作要求的一些变化，叫停曾经长期在经济学研究圈里唯定量是学术的片面化倾向。强调自创办起，始终以马克思主义为指导，以推动与繁荣中国特色社会

主义政治经济学研究为己任，立足中国现实，坚持学术性、时代性、创新性和前沿性。

《经济研究》期刊对中国经济学研究的源泉进行了准确的定位：总结中国举世瞩目的经济成就，将学术规范与中国背景完美结合。强调优秀学术成果要具备的三个特征：一是思想启迪性。要对我国重大现实问题进行深刻思考，开启与拓展未来研究。二是理论创造性，将中国元素融入规范的理论分析，探索新的、更严谨的、更有解释力的理论体系。三是政策参考性，要提出基于我国具体国情、具有可操作性、能切实解决当前现实问题的政策建议。反对脱离实践、片面追求研究方法新颖与复杂的"唯定量化倾向"。

（二）《管理世界》的"编者按"

在 2020 年第 4 期《管理世界》"编者按"中，社长李志军、总编辑尚增健署名提出，亟需纠正学术研究和论文写作中的"数学化""模型化"等不良倾向。这些不良倾向体现在：有的期刊全然走样，刊发的文章读者看不懂、看不明白；有的论文一味追求数学模型的严格和准确，忽视了新的思想、观点和见解；有的学者炫耀数学技巧、追求复杂甚至冗余的数学模型；有的学者则是使简单的问题复杂化，用"众所不知"的语言去讲述众所周知的道理；更有甚者，为了使检验结果显著，故意修改数据等。

难能可贵的是，《管理世界》期刊还发出了富有启发的十条：

一是倡导研究中国问题、讲好中国故事。

二是着力构建有中国特色、中国风格、中国气派的学科体系、学术体系、话语体系，反对照抄照搬外国模式。

三是倡导负责任的学术研究，要有社会责任感和时代感，要为国家经济社会发展服务，不能自娱自乐。

四是倡导研究范式规范化，研究方法多样化，不能以技术为导向，不能玩数学游戏，要做有思想的学术，有学术的思想。

五是倡导科研诚信，抵制学术不端行为。警惕并抵制"买版面"

"找枪手"等不良现象。

六是倡导推行代表作评价制度，反对片面追求论文数量。

七是倡导写文章要深入浅出，坚持简单性原则，把复杂问题简单化，反对把简单问题复杂化，把明白的东西神秘化。

八是倡导好文章要发在中文期刊上。反对一味追求在国外期刊发文章，给外国人交版面费、壮大外国期刊的不良做法。

九是倡导培育世界一流的社会科学类期刊，破除对 SCI、SSCI 等期刊评价体系的盲目崇拜。

十是倡导发挥学术期刊的引领作用。坚持以原创性、思想性、科学性为选稿标准，破除"重模型、轻思想""重技术、轻问题""重国外、轻国内"等不良倾向。

三、 到底是发出了什么样的信号？

两大顶级期刊几乎同时发出改变文风、学风的强烈信号，其深层次原因是多年以来积累起来的一些不良学风的积弊越来越突出。从经济学界来看，一些所谓的主流研究忽视现实，漠视读者，玩弄数学技巧、技术工具，使经济学丧失了独立性、思想性、独创性和批判性，也使经济学越来越远离读者、脱离火热的中国实践和中国关怀，使原来被视为社会科学"皇冠"上的最璀璨的明珠的经济学（加里·贝克尔），逐渐失去了对现实的解释力和对人们的吸引力。

欲改文风，必由顶级期刊率先转换风格和主题。根据笔者个人的观察，未来的经济学、管理学研究，宜实现这样的转化，方能更好地回归学术，使未来的经济学管理学取得经世致用的真成果、好成果：

（1）研究主题上，要讲好中国故事。要聚焦中国背景，以中国建设、改革、发展为主线，贯通古今，对比国际，讲好中国发展的故事，形成中国发展的制度自信、道路自信。

（2）研究路线上，要从现实出发，产生新思想、新理论。除了思想史、文本研究外，大量的理论研究和应用研究，都要从中国具体的现实出发，系统总结中国实践中的新做法、新经验、新教训，从中产生新的学术思想，将这些思想进行系统总结，形成崭新的、能解释现实和解决中国经济社会发展的新理论。对从本本出发、从教条出发，空洞无物，大而无当的空理论、空架子式的学术研究，要摒弃！要鄙视！

（3）**研究范式上，要在借鉴中创新**。范式是总框架、思维导图和观察世界的坐标系，中国革命和建设的无数经验教训都表明，将国外的革命、建设的范式直接拿来套用，指导和规划中国的革命、建设，往往会犯教条主义的错误，完全当人家的小学生，永远不会找到自己发展的好路子。比如，经济学研究是否仍要继续套用宏观、微观的研究范式？有没有其他范式可以尝试？要通过不断地借鉴国际国内的经济学理论，融合经济理性、价值观念、制度体系等重要因素在内的范式变革，使中国的经济学、管理学理论发展，具有更大的原创性！

（4）**研究方法上，要讲究多元和适用**。要根据研究对象和研究目的，采取恰当的研究方法，质性研究、调查研究、访谈研究、定量研究、对比研究、历史研究等方法均可采用。绝对不能把是否有数据作为学术成果规范与否的唯一标准，更不能以玩数学模型自娱自乐，忽视文章的思想性、原创性和实用性！

（5）**写作风格上，要以简单为美**。真理往往是简单的。要善于把复杂的问题，去粗取精，去伪存真，由表及里，得到规律性的真谛，这是学者的使命所在！恰恰相反，那些将简单问题复杂化、高深化的做法，往往使经济学成果过度艰涩难懂，疏远了读者，变成学者们（甚至是个人）的自说自话！这反而是伪学术、伪学者。

（6）**发表期刊，要以中文为主**。学术成果是写给谁看的，这个问题极为重要。搞经济学、管理学研究的人，其目标和旨趣，就是要写给中国的百姓看，要写给中国的干部群众看，要写给中国的企业家、管理人员看，让读者有启发，让开卷者受益。相反，不努力写好中文文章，而以发表英文期刊为荣（当然，真正国际一流的权威期刊例外），甚至有人为此交纳不菲的版面费、审稿费，何苦来者？

诚望通过《经济研究》《管理世界》释放的新信息，通过学风的引领作用，使中国经济学、管理学界，刮起一股清新之风、地气之风、实际之风！

（原文由微信公众号"中建观社会"于 2020 年 3 月 30 日发表：ht-tps：//mp. weixin. qq. com/s/FHbmzU2ysu2ApOunMe9SDQ。）

沉迷数学让中国经济学失去思想

周 文

自 20 世纪 90 年代以来，中国经济学研究范式受西方主流经济学影响较大，其中一个特征，是对数学化、模型化的追求达到极致。从某种意义上说，经济学已变成数学，而且不是一般的数学，是高深的数学。经济学研究的深度被等同为数学方法运用的深度，只有数学才算科学，经济学研究论文也越来越成为把玩高深数学的游戏。

过度滥用数学已成为经济学研究的一"疾"，直接影响和制约着中国经济学的高质量发展。其一，过度滥用数学让经济学成为"黑板经济学"。更多学者沉迷于数学推导，经济学研究中模型重于理论，技巧重于问题，形式大于内容，其结果是简单的问题复杂化，用"众所不知"的语言去讲述"众所周知"的道理。

其二，过度滥用数学，经济学研究越来越忽略解决问题的能力，工具越来越精巧，但也更没有思想、没有理论，经济学研究更为"漂浮"。学者们失去对问题的创新性见解和敏锐的洞察力，研究越来越脱离实际。经济学研究的问题更加碎片化，问题意识越来越不足，研究成果很少聚焦重大现实问题，回答"时代之问"。"致用之学"变成"无用之学"，经济学必然丧失其内在的思想启迪性、理论创造性与政策参考性。

其三，"数学滥用"阻碍了经济学思想的创新，让经济学成为数学的奴隶，导致的结果就是产生出大量充斥冗余和无效的数理模型的经济学论文。

其四，早在世纪之交，西方就发出"经济学的死亡"的哀叹。经济学研究范式陷入"致命的自负"或者如熊彼特说的"李嘉图恶习"，而过度滥用数学可能是问题所在。西方在反思数学滥用问题，而我们的学者却还在"拾人涕唾"。

其五，"数学滥用"在让经济学远离"学术政治化"的同时并没有"伪装"成科学，反而越来越庸俗化。比如国内某经济学期刊近年来所刊载的诸如"税收与消失的女性""漂亮与收入""肥胖会传染""相貌与收入高跟鞋曲线""美貌经济学——身材重要吗"等"论文"。

其六，在"数学化"和"模型化"大潮中，经济学研究生教育课程设置强调"三高"（高级计量、高级微观、高级宏观）训练，注重数学模型的推导，而缺乏必要的经济学相关知识训练，更缺乏引导及训练学生对经济问题本身的思考，让更多学生成为"装在套子里的人"。

实际上，"数学滥用"的现象不仅体现在经济学研究中，也几乎渗透到整个哲学社会科学研究中，比如管理学、法学、政治学、史学等研究也在一定程度上模仿经济学"数学化""模型化"的研究方法。因此，是时候反思中国经济学研究中的"数学滥用"现象了。

第一，经济学研究需扭转过度滥用数学现象。经济学可以适当运用数量方法分析问题，从而使经济学逻辑更简洁。但思想性永远是经济学研究的核心，数学模型只是辅助讲好"故事"的手段。经济现象本身存在着许多不确定性，而不确定性是难以用数学方法进行计量的，在经济现象研究的过度滥用计量方法，可能就会出现用正确的工具得出错误的结论。

第二，创造富有中国特色的"标识性"经济学概念和范畴。当前中国经济学研究的概念范畴使用中，存在着大量简单套用西方概念和范畴的趋向，既没有中国的人文元素，也没有对西方概念和范畴的"融会贯通"，更缺乏"术语革命"、打造富有中国特色的"标识性"

概念和范畴意识。缺乏"标识性"概念，就必然缺乏具备自主设置"议题"的能力，经济学就缺乏主体性和自信力，中国永远只能是西方的"他者"和"描述性对象"，总是处于被动解释中，更容易陷入西方话语体系的陷阱。事实上，中国绵延五千年的传统文化蕴含着更多博大精深的经济思想。中华民族伟大复兴形成的庞大经济体量，为经济学研究提供了大量新经验和新素材。未来中国经济学创新需充分吸收中国优秀传统经济思想的精华，始终致力于将中国元素融入规范的理论分析，探索更新、更严谨、更有解释力的理论体系，不断展现出中国经济学人的思想力和创造力，提出更多具有原创性、时代性的经济学理论。

作者简介：

周文，复旦大学中国研究院副院长、教授、博士生导师。

（本文转载于《环球时报》，2020 年 4 月 24 日，https：//opinion. huanqiu. com/article/3xxbjtNyTDW。）

警惕高校的 SSCI 综合征

刘爱生

近日，教育部、科技部联合发文，要求高校破除论文"SCI 至上"的现象，树立正确的评价导向。类似的现象在我国人文社科领域也不同程度存在，即对国际期刊"SSCI 至上"。一是在大多数高校的科研奖励中，发表 SSCI 论文的奖金远高于中国期刊论文；二是在学术评价中，SSCI 论文的权重远大于中国绝大多数期刊论文，往往只有中国的权威期刊（一个学科通常只有一个权威期刊）才能相媲美；三是在职称评定中，发表 SSCI 论文具有极大优势，甚至一些在境外刚刚毕业的博士因发表了多篇 SSCI 论文就被名校聘为教授、博导。

在中国台湾地区的高校，由于在学术评价机制中过度推崇 SSCI 论文，以至于"SSCI 至上"已成为科研文化的一部分。"SSCI 至上"的学术文化以及由此带来的不良影响，早在 2014 年就被我国台湾学者形象地称为"SSCI 综合征（SSCI Syndrome）"。从目前发展趋势来看，中国大陆地区的高校在许多方面产生了同样的病症。不仅一流大学的人文社科学者前仆后继争相在 SSCI 期刊上发文，而且二三流大学也加大奖励力度，以刺激更多的教师争取在国际期刊上露脸。对此现象，我们应引起足够的重视和警惕。

一、 辩证地看待 SSCI 在学术评价中的作用

中国高校为何如此重视 SSCI 论文，从大的方面来看，主要包括两点：一是人文社会科学研究国际化的理想追求。自 20 世纪末至 21 世纪以来，随着中国政治经济不断发展、国家不断走向世界，要求人文社会科学领域的学者"走出去"，加强与国际接轨。如何"走出去""与国际接轨"，发表 SSCI 论文无疑是重要途径和表现。二是建设世界一流大学的现实需要。创建世界一流大学，既是国家长远发展的一大重要战略，也是中国大学自身向上发展的动力。到底什么是世界一流大学，并没有一个明确的标准，但有一个简单的指标，即在世界各大排行榜的排位。排名靠前的，往往被认为是一流的、领先的。而在世界大学排行榜的指标中，论文发表是评价的核心。而衡量人文社科发表，又以 SSCI 发表为重，国内发表处于次要的地位。

应该说，自 21 世纪初 SSCI 引入中国学界以来，中国人文社科的国际化进程有了极大的推进。我们的一些研究成果开始具备一种国际性的视野，并逐渐摆脱了过往的封闭状态而融入国际学术话语体系之中。一个具体的表现是，在国际学术舞台上出现了越来越多中国大陆学者的面孔。这当中少数卓有建树的学者甚至获得国际性的学术奖。随着这批学者在国际学界崭露头角，他们也将中国的学术观点和视角推向全球。诚如一些中国学者所言，用英文写作可以使论文获得更加广泛的读者群体，有利于作者参与国际讨论，有利于影响西方的学术界，进而为我国学者在国际学术界获得话语权。此外，SSCI 作为一种相对比较客观和公正的国际性评价标准，它很大程度上减少了我们在学术评价中常有的论资排辈、人情关系现象，使一批年轻学者脱颖而出。当然，得益于中国学者大量发表的 SSCI 论文（当然还包括体量更大的 SCI 论文），中国大学的排名无论在世界哪个排行榜中，都有了长足的进步。

然而，过度重视 SSCI 的评价功能，其负面影响也不容小觑。综合来看，主要包括：一是过分倚重 SSCI 作为人文社科成果的评价指标，容易使中国学术陷入自我矮化的困境。因为我们不能将学术的政策与方向、审核与取舍，交由西方学界来操作和评定。二是将 SSCI 作为人文社科评价标准不利于学术创新，这会导致"西方学界对什么可能感兴趣，我们就研究什么"，而不利于真正创造性工作的展开。三是将 SSCI 作为评价标准，会造成教师对教学投入的减少。对于英语为非母语的学者来说，发表 SSCI 论文（SSCI 期刊大多为英文期刊）无疑需要克服更多的困难、花费更多的时间与精力。在一个人时间与精力固定的情况下，自然会减少对教学的投入。

此外，随着大学科研非学术影响评估的兴起，世界各国政府对科研成果的评价不仅限于论文发表的数量、所在期刊档次、影响因子（即学术影响力）等，而且强调科研成果的经济、社会、文化以及环境的现实影响力。借用西方的术语来说，即是"社会有用性（social usefulness）"或"社会适切性（social relevance）"。从这个角度上看，中国人文社科学者发表的大部分 SSCI 论文并没有给所处地区社会问题的解决提供有效帮助。相反，由于语言的隔阂，国际发表反而阻碍中国民众对相关知识与信息的获取。这显然不是科学研究的初衷，也有悖于中国当下所提倡的"把论文写在祖国大地上"。北京大学陈平原教授曾指出，"百年北大，其迷人之处正是在于她不是'办'在中国，而是'长'在中国"。这一个"长"字，就突出了一所大学的命运应该与其所在的国家荣辱联系在一起。

二、　SSCI 综合征的化解

首先，提升我国期刊的办刊水准与质量。需要承认，现在不少期刊，甚至包括部分核心期刊，存在审稿不严、选文不规范的现象。同时，在中国人情社会中，论文发表背后还存在各种"跑关系""走后门"等不正当行为。诸如此类的现象，难免不让人产生国际期刊/论文质量高、我国期刊/论文质量低的印象，进而驱使一些学者走向国际发表之路。要改变这种状况，我国期刊应借鉴国际成熟的办刊经验，组建专业的刊物管理队伍与评审专家库，严格审稿、规范选文、严格执行匿名审稿制度，坚决杜绝人情稿；进一步扩大优秀中文稿源，面向海外华人学者、港澳台学者征稿。

其次，完善学术评价体系。一方面，对海内外期刊一视同仁。鉴于我国越来越多学者毕业于海外名校，他们或许已经习惯了西方学术范式，并且已经克服了语言的障碍，他们发表 SSCI 论文自然无可非议。但是，对于一项研究评价的重点应是其创新水平，而不应以论文发表载体作为唯一评价依据。换言之，在学术评价中，不应过度拔高 SSCI 期刊的地位与权重。另一方面，改革我国期刊分级制度。目前在高校普遍存在期刊分级制度，如权威期刊、一级期刊、二级期刊等。问题是，在这种划分体系中，权威期刊通常只有一种，而在不少高校的职称评定中往往需要有权威论文发表。这种情况导致不少教师在权威期刊发表异常艰难的情况下，转而投向国际发表（在许多高校一篇 SSCI 等同于一篇国内权威论文，而 SSCI 期刊选择余地大得多）。一种较为合理的做法是，一视同仁对待我国 CSSCI 来源期刊，不再划分等级，因为它们已经是精挑细选的期刊了。

最后，平衡国际发表和国内发表。鉴于世界各国的学术评价日益兼顾学术影响和社会影响，因而一个中国学者纯粹用外语发表，是不利于其成果在中国产生社会影响力的。当前，已经存在这样一批学者，他们在国际上发表了不少论文，具有一定的国际能见度，但大部分中国学者对此人知之甚少，更遑论其学术成果对中国现实产生了任何积极影响。对于这种现象，中国台湾学者称之为"全球出版 vs 地方消失（publish globally vs perish locally）"。诚然，科学研究没有国界，但研究者有祖国，尤其人文社科研究者，还肩负社会责任，如参政议政、建言献策、启迪民智、文化引领等。因而，在职称评定、各种奖项申报过程中，应适当限定外语论文的比例。

当然，化解 SSCI 至上综合征的办法远不止上文提到的三点，笔者想着重强调的是：①一项研究成果的评价核心是其创新水平与社会价值，不能简单地"以刊评文"；②人文社科研究的国际化，绝不是简单的"SSCI 化"，而是立足中国大地做出的具有世界影响的研究成果，努力实现"那时候，中国学术之国际化，将是水到渠成"的目标。

作者简介：

刘爱生，浙江师范大学教育学院副研究员。

（本文转载于《光明日报》，2020 年 4 月 28 日第 13 版，https：//news. gmw. cn/2020 – 04/28/content_ 33790706. htm。）

第三部分

『数学化』『模型化』反思

经济学研究中 "数学滥用" 现象及反思[*]

陆　蓉　邓鸣茂

《美国经济评论》于 2015 年发表保罗·罗默（Paul Romer）的一篇批判性文章《经济增长理论中的数学滥用》，在国际上掀起了对经济学研究中"数学滥用"现象的广泛争议。本文首先回顾这场争议，然后从经济学研究中引入数学的历史和积极作用、"数学滥用"的表现、"数学滥用"的负面影响等方面剖析这一现象，阐述对该问题所引发的对经济学研究、教学和未来发展的反思。研究发现，"数学滥用"在我国的经济学研究中也在一定程度上存在。值得反思的是，"数学滥用"会阻碍经济学思想的创新，学术期刊的同行评议强化了"数学滥用"问题，"数学滥用"还会通过教学活动产生代际影响。中国经济学界曾开展三轮广泛讨论，主动纠正"数学滥用"。为达到中国经济学科的"双一流"建设目标，经济学研究和教学应注重经济直觉培养，明确有创新的中国经济问题，坚持因果关系辨识，坚持使用数学的简单、适用、严谨。

---

　　* 本文得到国家自然科学基金项目"交易传染与非理性价格形成：基于投资者画像的精准识别"（71773072）、国家自然科学基金项目"信息型市场操纵经济后果及其监管研究"（71773073）的资助。作者感谢上海财经大学鲁品越教授和周亚虹教授、复旦大学周文教授、中国人民大学陈彦斌教授、上海交通大学夏立军教授在论文写作中提出的宝贵意见，当然文责自负。

一、 引言

著名经济学家保罗·罗默在《美国经济评论》2015 年第 5 期上发表了一篇题为《经济增长理论中的数学滥用》的文章（Romer，2015），引起了学术界的广泛关注。他在文中强调，经济学中好的数学模型有三个特征：能够正确证明自己的想法、数学符号与语言解释能够紧密联系、经济变量要有意义且与实际数据能够较为紧密地对应。然而，现有文献中，很多数学的使用并不满足以上三个特征，存在一定程度的"数学滥用"现象，主要包括脱离理论基础的非正式用语与符号、不符合现实与直觉的假定以及错误的数理模型推演。这种趋势将会阻碍我们对经济增长理论的研究和探索。[①]从整篇文章来看，罗默批判的是"数学滥用"现象，并不反对在经济学研究中使用数学；另外，批判主要指向宏观经济学，特别是其所擅长的"增长理论"研究中的数学滥用问题，而较少涉及经济学的其他领域。保罗·罗默毕业于芝加哥大学数学系，可以说是在经济学研究中运用数学的"既得利益者"，并且该文用其恩师卢卡斯的两篇文章（Lucas，2009；Lucas & Moll，2014）中数学模型推导错误以及表述与经典结果相背离的现象作为例子进行批判，说明目前在经济学研究中"数学滥用"的现象比较严重，值得反思。

数学在经济学研究中确有必要，并有积极作用。马克思认为："一种科学只有在成功地运用数学时，才算达到了真正完善的地步。"（保尔·拉法格等，1973）。从最近几十年的诺贝尔经济学奖来看，数学方法在经济学研究中的重要性不言而喻，1969 ~ 2015 年共有 76 位经济学家获奖，其中 3/4 的获奖成果都运用了数学方法。13 位得主的成就和贡献是计量经济学理论、方法或是经济模型的建立和应用。获奖经济学家大多有较强的数学背景，其中博士学位为数学专业的有 8 人（李永刚、孙黎黎，2016）。经济学研究中应用数学的必要性正如 Romer（2015）所述，"科学是人们对事物形成一致性认识的过程，当理论模型或实证能够准确地解释研究对象时，就形成了一致性结论。因此，科学研究需要应用精确的语言来描述，文字和数学符号的紧密联系恰好满足了这一需求"。

然而，在经济学研究过程中过度数学化、夸大数理模型，甚至玩弄数学技巧的"数学滥用"现象也同样存在。经济学是研究有限资源条件下人类在配置资源方面是如何行为的一门形式化的社会科学（韦森，2007）。阐释经济现象、揭示经济现象的本质和规律是经济学研究的核心。但一些经济学论文过分专注于数学模型的严格和准确，忽视了经济学的思想、观点和见解。更有一批学者炫耀数学技巧、追求更复杂的数学模型，或随意更改条件和参数只是为了得到想要的结论，使经济学研究以看似"科学"的形式表现出来，实际却逐渐脱离历史、政治、文化等现实世界中的人文因素。正如哈耶克所述，经济学研究如果只是追求数学模型的严谨性，而忽视了经济问题本身，则更像是"科学主义"[②]而不是科学（柯兰德、布兰纳，1992）。"数学滥用"会使学者将精力错用，沉迷于数学推导，忽视了对经济问题的深入思考。其结果是简单的问题复杂化，用"众所不知"的语言去讲述"众所周知"的道理。其实，一篇好的经济学研究，读者只需要从摘要、引言和结论就可以读懂文章的内容，明确研究意义，这些不需要数学就可以表达清楚。数学只是工具、绝非目的。经济学研究中的过度数学化也影响了经济学教学，许多经济学课程十分注重数学模型的推导，缺乏引导及训练学生对经济问题本身的思考。教学阶段埋下了错用、滥用数学的种子，可能是学生今后在经济学研究中"数学滥用"的一个重要原因。

面对数学已经成为经济学研究主流方法的当下，是时候反思在经济学研究中的"数学滥用"现象了。本文首先回顾经济学研究中引入数学的历史，阐述数学对于经济学的积极作用。其次，结合经济学中引入数学的环节来剖析经济学研究中"数学滥用"的几种表现。再次，揭示"数学滥用"对经济学研究、教学、经济决策和社会生活的负面影响。最后，整理近年来国内经济学学术界、期刊界以及研究管理机构对经济学研究方法的几次大讨论，从思想性与技术性、因果性与相关性等方面探讨经济学研究应该追求怎样的科学标准。说明思想性是经济学研究的核心，数学模型只是辅助讲好"故事"的技术方法，技术必须为思想服务；数学与经济学的有效融合有利于揭示经济变量之间的因果关系，而不只是"让数据说话"的相关关系；训练对经济问题的思考能力，培养经济直觉，敢于反思现有研究中的问题并积极面对，是实现中国经济学科"双一流"③建设目标的当务之急。

二、 经济学研究中引入数学的历史和积极作用

（一）经济学研究中引入数学的历史

经济学研究中引入数学已经有 100 多年的历史。法国数学家、经济学家奥古斯丁·古诺（Augustin Cournot）于 1838 年出版的《财富理论的数学原理研究》一书被认为是最早在经济分析中使用数学的著作之一（史树中，2000），著名的古诺模型（Cournot Model）就是引入数学模型来阐述厂商最优决策行为的。数理经济学家瓦尔拉斯（L. Walras）在《交换的数学理论原理》一文中引入方程组来阐述一般均衡理论，建立了市场经济分析的一般均衡框架。然而从数学的角度来看，该文并不能证明一般均衡的存在性，但是他提出的想法吸引了一大批经济学家和数学家投身到经济的一般均衡研究中，诸如大数学家冯·诺依曼（J. von Neumann）和诺贝尔奖获得者列昂惕夫（W. Leontiev）、萨缪尔森（P. Samuelson）和希克斯（J. R. Hicks）等。直到 1954 年阿罗（K. J. Arrow）和德布鲁（G. Debreu）利用布劳威尔不动点理论才证明了一般经济均衡存在的前提条件，并将一般经济均衡理论严格数学公理化，建立了一般经济均衡理论的框架，并形成巨著《价值理论》。

金融市场作为经济学的重要研究对象，也承袭了经济学研究中的

数学方法。阿罗（K. Arrow）在 1953 年发表的论文《证券在风险承担的最优配置中的作用》被认为开启了现代金融学篇章。该文将经济一般均衡理论引入金融市场。然而金融市场与商品市场不同，一般均衡理论无法完全反映金融市场的不确定性本质，与现实相差太远。经济学家又开始为金融学寻找新的数学框架。1952 年马克维茨（H. Markowitz）的《资产组合选择——投资的有效分散化》一文，首次采用风险资产的期望收益率和以方差代表的风险来研究资产组合和选择问题。马克维茨的资产组合理论，解决的是证券投资的收益和风险选择问题，但他的博士论文答辩，并没有得到 1976 年诺贝尔经济学奖获得者弗里德曼（M. Friedman）的认同，因为当时的经济学研究主要建立在一般均衡框架之下，所以马克维茨的资产组合理论被认为"不是经济学"。为此，马克维茨不得不引入风险和收益的效用函数，将资产组合理论穿上一般经济均衡的"外衣"。1973 年布莱克（F. Black）和肖尔斯（M. Scholes）沿用马科维茨的做法，在无风险套利的基础上，推导出了布莱克－肖尔斯期权定价公式。马科维茨的资产组合理论以及布莱克－肖尔斯期权定价公式的问世，被认为是现代金融学的"两次华尔街革命"（史树中，2000），成为了现代金融经济学的理论基础。

通过上述简单回顾可以发现，经济学研究中引入数学是为了更加严谨地阐述某一个经济问题或者解释现象的本质，形成一套完整的理论体系。《价值理论》一书的出版，也引起了"经济学研究为什么需要数学公理化方法"的争论。德布鲁（1988）给出了明确的回答："经济学研究中引入数学是为了形成完整、严格的理论体系，便于以后学者的研究。"正如保罗·罗默在批判中提到的："早期的数理经济学家使用数学将问题抽象化时，坚持清晰、准确、严格地使用数学符号和模型，这是值得尊重的。"

中国经济学研究中数学方法的广泛应用是从改革开放，尤其是近十余年来伴随"海归"学者的引入而开始的。改革开放前，中国的经济学以政治经济学研究为主，多为定性研究。改革开放以后，经济的预测和决策、研究、管理的巨大需求，催生了国内数量经济学的兴起（乌家培，2008）。经济学研究从定性转向定性与定量相结合的研究方式。21 世纪以来，一批有影响力的经济学"海归"学者带回了西方经济学的研究理念和范式。他们的研究广泛使用数学方法，倡导定量研究。比较有代表性的工作可见田国强教授在《经济研究》2005 年第 2 期发表的《现代经济学的基本分析框架与研究方法》。该文剖析了现代经济学的基本分析框架和研究范式，强调经济学研究中引入数学分析工具是促进经济学科学化的一种手段。同时，数学也开始大量贯穿于经济学的教学中。在高校教学中，"西方经济学"课程逐渐被称为"经济学"或"现代经济学"，作为经济学学习的主流模式。

（二）数学对于经济学的积极作用

为何现代经济学与数学会产生如此紧密的联系？这就有必要剖析数学在经济理论阐述、逻辑推理、传播和验证中的积极作用。

1. 数学表述经济关系准确且精练

恩格斯说："数学是数量的科学。"[④]而经济学的研究对象大多都有量的特征，就像数理经济学家杰文斯（斯坦利·杰文斯，1984）所述："快乐、痛苦、劳动、效用、价值、财富、货币、资本是量的概念，已经是没有疑问的。"因此，经济学本身具有一定程度的数学性，它们的紧密联系是必然的。数学语言相对于文字的优点是，可以恰当地描述经济概念、经济假设和结论；可以直接引用相关定理，并且可以运算；可以阐述复杂经济变量之间的动态关系。经济变量之间的复杂关系、动态演变，有时候很难用文字描述清楚，但是用数学方程、几何图形来说明，不仅简单明了而且更加准确。

2. 数学使逻辑推理更加严谨，促进了经济学的科学化

经济学研究一般从假设出发，经过逻辑推演得到结论。在此过程中，经济学家通常会引入数学模型使推演更加严谨。首先，数学使经济理论的假设更加明确。经济学家在研究时需要对问题所在的经济环

境、前提进行界定，然后提出研究假设。如果用文字描述，用词的不同可能导致假设条件不明确，也可能忽视经济问题的边界，而采用数学语言可以克服这些缺陷，保证假设条件的明确性和一致性。其次，数学使经济理论的逻辑推理更加严密。与文字逻辑相比较，数理逻辑从明确无误的假设出发，借助数学定理和公理，在推导过程中采用"如果则……"的逻辑陈述形式，环环相扣。严格的推理，每一步都清晰而明确，减少了争论，保持了科学研究的一致性。最后，数学使经济理论的结论更加可靠。数学的引入使经济学研究可以复制，结论可以证实或证伪。

3. 数学可以形成公理化体系，便于经济学理论的推广和传播

建立在数学形式上的经济理论，假设条件明确、逻辑推理严谨，便于快速形成公理化体系。数学的应用使学术争论的关键要点显而易见，交流也变得容易。后面的学者只需要在前人的基础上做边际贡献。用数学语言阐述经济问题，还可以回避不同的语言文字、语意、语境而造成的差异，减少争论和低水平的重复，使经济学理论得以快速推广和传播。

4. 数学促进了经验研究，保证了经济理论的可靠性

数学不仅适用于经济理论的推理，而且也促进了建立在经济理论基础上的计量方法来检验和完善经济理论，并通过两者的正反馈机制，促进理论研究和经验（实证）研究的不断深入（杜两省，2003）。例如，凯恩斯消费理论的绝对收入假说吸引了经济学对平均消费倾向的经验估计。20 世纪 40 年代，库兹涅茨通过实证检验发现平均消费倾向长期稳定，短期呈现递减规律，与凯恩斯的理论有偏差，才有了后来杜森贝里的相对收入假说和弗里德曼的持久收入假说。

在经济学研究中引入数学，为中国的经济决策科学化和经济学研究走向世界起到了积极的作用。王庆芳和杜德瑞（2015）选取《经济研究》《中国社会科学》《管理世界》《经济学（季刊）》四大国内经济学权威期刊 2012～2014 年 1126 篇论文分析发现，数学在经济学研

究中的应用愈加普遍，经济学研究热点领域的问题导向性越来越明显，经济学研究与现实的联系越来越紧密，本土化、规范化和国际化程度在不断提升。同时，根据一些国际公认的排名，国内一些高校的经济学和商学、经济学和计量经济学已经跻身全球前 200 强乃至前 100 强，或者入选 ESI[⑤]世界前 1%（田国强，2016）。

三、 经济学研究中 "数学滥用" 的表现

传统的数理经济学中，文字和数学符号有严格的对应关系。Romer（2015）认为，"数学滥用" 则在文字和数学符号之间、理论表述和实证内容之间故意留有一些可操纵的空间。"数学滥用" 使 "学术政治" 伪装成了科学。学院政治如同其他形式的政治一样，充斥着激情满满的宣言，开始身披科学的外衣，导致 "数学滥用" 伪科学方法的出现（Romer，2015）。东西方思维习惯不同，"数学滥用" 的表现也有所不同。林鸿伟（1999）认为，西方思维方式重视经验的总结，但更注意理性的演绎和因果关系探求；东方思维方式则更注重思维逻辑。《经济研究》《管理世界》等国内诸多经济学顶尖期刊论文，具有较高的思想性和创新性，数学应用总体也是恰当的。但是，"数学滥用" 却在博士、硕士论文、普通经济学期刊中较多存在。最近十几年，申请经济学博士或硕士学位的论文，大都采用数理模型，有些时候这些模型并不必要。似乎存在一个荒唐的观点，即数学模型越复杂、占据篇幅越多、附录的计算机程序越长，论文的含金量就越高。对于经济学期刊来说，有定量分析方法、有 "漂亮" 数学模型的学术文章更容易发表似乎是一个 "潜规则"（石华军、楚尔鸣，2013）。仔细翻看这些文章，有些数学模型是为了更清楚地阐述和论证经济问题，但有些则纯粹是 "画蛇添足"。

如何界定 "数学滥用"？我们可以从经济学中引入数学方法的目的和解决经济问题的环节入手来剖析这一问题。经济学研究中引入数学

的目的是通过数学推导，建立经济学前提与结论间的严密逻辑，从而得到有价值的结论。数学方法的引入应包括以下环节：①对经济事项的量化，建立目标函数。此阶段要确保目标函数与研究的问题紧密联系，这是理论推演的基石。②前提假设和约束条件的确立。前提假设和约束条件应明确、符合研究问题且不能脱离现实。③数理模型的推演。数理推演首先要从明确无误的假设出发，在推理过程中严格按照"如果则……"的逻辑陈述，直至整个推理过程结束。④实证检验。实证检验是利用实践数据来检验理论模型是否符合现实的方法。综上，一项经济学研究中引入数学，如果是为了对经济变量之间的因果关系进行全面、精确、严谨的阐述，并且能够基于合理假设推导出符合逻辑的经济理论、解释经济现象，则属于正常、合理地使用数学。反之，数学工具的使用偏离了经济研究和经济分析这一根本目的，为了追求形式的"科学"而玩弄数学模型，则属于"数学滥用"。另外，模型是否复杂、是否过多或者过度简化不能作为"数学滥用"的依据，因为现实中的经济问题多样，有时复杂的模型可以更好地厘清经济变量之间的关系，有时也需要对复杂的经济问题进行抽象简化。因此，经济学研究可以、有时也必须使用数学方法和模型，但绝不可偏离经济学研究本身。根据以上对经济学中引入数学的环节剖析，从理论和实证两种主流经济学研究模式概括"数学滥用"的典型表现如下。

（一）理论模型假设不符合现实或根据结论修改假设

经济学研究中不少理论模型存在的一个明显问题是，理论模型前提假设与现实世界不符，不符合直觉，或者对现实环境过度简化；忽略了现实中对结果有重大影响的条件；约束条件不明确，没有厘清研究问题的边界，但是得出的结论却声称可以较好地解释经济现象和指导政策制定。凯恩斯（1997）在《就业、利息和货币通论》中就指出："大部分数理经济学中的内容只能算是一种'堆砌'，这些理论依赖于不准确的假设，学者迷恋于华而不实的数学符号，忽略了现实世界的复杂性和联系性。"Romer（2015）在文中对 Lucas 和 Moll

（2014）的文章进行了批判，认为原文假设存在一个经济 P，起始阶段知识在工人之间的分布是无界的，并且尾部服从帕累托厚尾。在此假设下，当时间趋于无穷时，经济增长率趋近于 γ。然而，此假设并不符合实际，因为这要求在 0 时刻，有些工人已经掌握了未来所有时刻的（生产技术）知识。同样，Boldrin 和 Levine（2008）则为"完全竞争"赋予了与公认标准完全不同的数学含义。在其理论模型中，创新者是垄断者，是新发明产品的唯一供给者，然而，原文却强制假设"此创新者被迫接受一个给定的产品价格"，即价格的接受者。除了专业术语与标准定义不同外，语言表述也与规范表述有所出入。例如，原文认为欧拉方程结论并不适用，因为只有在产量没有限制时，价格才等于边际成本。然而，两阶段增长模型已经可以说明该文的马歇尔局部均衡的分析方法是有明显错误的。

此外，数学滥用还表现在根据结论任意修改理论模型的假设。Pfleiderer（2014）指出，有一些学者通过"反向工程"（Reverse Engineering）的方法，调整模型假设以得出想要的结论。更有一些学者不考虑模型假设的现实意义，为得到预期结论而刻意设定模型假设，再用模型结论来"认识"经济现象和提出政策建议，Pfleiderer 将这些模型称为"变色龙"。因此在经济学研究中，我们应该从对现实经济世界的认知开始，再对理论模型和假设进行初步筛选，才具有继续研究的价值。

（二）数学模型过度运用

数学模型在经济学研究中只是方法和手段，核心依然是经济问题或者故事本身。如果结论本来已经很清楚，引入数学模型并没有得到更有价值的结论或增进逻辑联系，只是为了追求形式上的"科学化"，就属于数学模型过度运用。数学模型过度运用的原因在于模糊了目的和手段之间的关系。模型本身并没有错，但研究者忽视了模型的适用边界；或与研究问题相关的数学模型并不存在，硬套模型产生问题。例如，某些经济史学的研究，生搬硬套数学模型，虽然数理分析也是认识历史的途径之一，但是最近几年非历史主义的形式化倾向，研究看似很有科学性，实质并没有在史料发掘以及"以史为鉴"上的边际贡献。

国内外许多学者已经开始反思理论模型的过度运用问题。Caballero（2010）认为，越来越多的学者在研究宏观经济问题时，过度沉迷于动态随机一般均衡模型（Dynamic Stochastic General Equilibrium，DSGE）的内部逻辑，混淆了这一模型在经济现实中的准确性和适用性。Krugman（2009）认为，经济学界有所迷失的重要原因在于，宏观经济学家错误地把披着数学外衣的完美主义理论当作真理和现实。例如，一些学者沉迷于理论模型，得出了诸如经济大萧条的原因在于假期过多这样的极端结论。冯俊新等（2011）指出，经济学者在研究宏观经济问题时，必须防止过度沉迷于数学模型的内部逻辑，要注重经济学问题本身的逻辑和内在联系。尹世杰（2005）认为，经济学可以而且应该运用数学这个重要的工具来分析经济问题，但是绝不能也不应该"数学化"经济学这门极其重要的学科。贾根良和徐尚（2005）认为，经济学研究应该反思过分沉迷于数学技巧的弊端，倡导回归经济问题本身，拒绝将数学视为科学标志的科学主义观念。

（三）实证研究与经济理论相脱节

2013 年诺贝尔经济学奖授予美国经济学家尤金·法玛（Eugene F. Fama）、拉斯·彼得·汉森（Lars Peter Hansen）和罗伯特·希勒（Robert Shiller），以表彰他们在"资产价格的实证分析"中做出的贡献。说明实证研究方法在经济学领域越来越重要。余广源和范子英（2017）统计了中国所有"海归"经济学者 1984～2015 年发表的英文论文，发现 2005 年以后，经济学的实证研究已经超过了理论研究，成为主流的研究方法。韩德瑞（1998）指出，现实经济活动中存在一些规律，经济机制的这种规律可以观测并度量，这种可测的机制称作数据生成过程（Data Generating Process，DGP）。洪永森（2007）认为，现代计量经济学建立在两个公理基础上：①任何经济系统都可以看作服从一定概率分布的随机过程（stochastic process）；②任何经济现象（经济数据）都可以看作这个随机数据生成过程。虽然这两个公理是无法验证的，但是大多数计量经济学家都比较认同，计量经济学模型的设立必须满足数据生成过程。通俗的理解就是实证研究要与经济理论紧密联系。

目前我国经济学研究中一个较普遍的问题是，实证研究没有经济理论的支撑。例如，研究互联网对国际贸易的影响，仅仅将互联网作为解释变量来构造回归模型，就得出了结论，忽视了具体传导机制的研究。再如，研究金融市场变量之间的动态相关性，没有经济理论阐释，也没有事先对数据特征进行分析，就直接对数据进行单位根检验、格兰杰（Granger）因果关系检验、协整（Co-integration）检验、拟合误差修正模型（Error Correction Model，ECM），最后得出变量 A 与 B 之间存在因果关系、协整关系以及变量之间的动态修正机制。然而，这些模型只能证明动态相关性可能存在，但具体原因是什么、影响机制是什么，都没有理论支持。还有一些研究用向量自回归（Vector Autoregression，VAR）以及结构向量自回归（Structural Vector Autoregression，SVAR）模型的估计系数来解释变量之间的因果关系，但由于内生性的存在，估计的系数实际上并无经济意义。实证模型总会产生结果，但并不意味着经济变量间真的存在这些关系。这些研究的问题在于，只用实证模型回答了"是什么"的问题，忽视了由经济理论所揭示的"为什么"的机制。这些与经济理论相脱节的实证模型结果在经济学原理上难以解释，很难让人相信，也对理解社会经济运行没有什么帮助。

国外也有学者对实证研究与经济理论相脱离的问题进行了批判，例如 Temin（2008）认为，用动态随机一般均衡模型（DSGE）来研究金融危机的成因或者短期宏观经济的剧烈波动并没有太大用处，因为这些模型是在封闭、完美状态下的，没有考虑摩擦因素。此外，这些模型都把 GDP 增长率波动归因于全要素生产率（Total Factor Productivity，TFP）的波动，却没有解释 TFP 波动的原因，因而这些研究并不能揭示经济衰退的深层次原因。

（四）实证过程不规范

实证研究主要是为了验证现实是否符合理论预期，揭示经济变量之间的关系或探寻经济运行的机理。无论采用哪种实证方法，研究内容的重要性仍然大于形式。高质量的经济学实证研究，不仅强调研究内容的重要性，而且注重论证过程的规范性，一般由引言、文献回顾与研究设计、数据描述、实证分析、稳健性检验以及结论等几大部分构成，并且论证过程严谨、规范。然而，一些低质量的实证研究，虽然看上去包含实证研究过程，但是仔细阅读论文，实证过程不规范、实证结果阐述不严谨的现象还是经常可见。

举几个比较常见的例子：①回归分析结果的表述错误。在回归分析中，如果变量 X 的回归系数为正，但是不显著，这种情况下如何表述结果？是表述成 X 对 Y 没有影响，还是表述成有正向影响但不显著呢？原假设一般设定为没有影响，统计学上不显著，说明不能拒绝原假设，而不是接受原假设，因此第一种表述不正确。既然统计意义不显著，那么是正向影响还是负向影响已经没有意义，因此第二种表述也不严谨。正确的表述方式是，X 对 Y 的影响在统计意义上不显著。②协整关系等同于均衡关系。王美今和林建浩（2012）指出，这种等同存在三个方面的问题，因此协整关系并不等同于均衡关系。[6]③内生性问题与工具变量（IV）。内生性问题存在的原因包括解释变量与被解释变量之间互为因果、遗漏解释变量以及解释变量的测量误差。寻找工具变量是解决内生性问题的一种较为常见的做法。好的工具变量必须与随机扰动项正交，且与内生解释变量具有较强的相关性。经济变量之间的关系错综复杂，多数经济学研究都会存在内生性问题。然而，不少研究却缺少内生性问题的排查，没有对工具变量的适用性进行评估，更有甚者，所选用的工具变量不仅没有解决原来的内生性，还带来了更加严重的内生性。

实际上，"数学滥用"的现象不仅在经济学研究中，在其他人文社会科学，如管理学、法学、史学等研究中也在一定程度上存在。现实中，管理实践有很强的独立性，套用数学模型或大样本的统计方法，往往会掩盖成功管理特质的独特性，得到的结论反而没有借鉴意义。所以，案例分析在管理学领域的很多研究中可能更加适用。黄宗智和高原（2015）认为，法学研究应该拒绝数学形式主义的方法，应立足于经验证据，首先从归纳出发，其次应用演绎逻辑导出可靠的推断和假说，最后再返回到经验世界中去检验。徐祥运（2005）认为，哲学社会科学有其固有的特征和界限，是一个多参数多变量的动态体系，难以用数学形式表达，反对在哲学社会科学研究中不切实际的"滥用数学"。

四、 经济学研究中 "数学滥用" 的负面影响

如果"数学滥用"只是少数情况，不影响最终达成科学的、一致的结论，那么其危害也仅仅是局部的、暂时的。不幸的是，"柠檬市场"理论表明，随着"数学滥用"的不断增多，区分"数学滥用"和传统的（严谨的）数理经济学将会十分困难。

"数学滥用"问题会随着研究者的学习、引用而自我加强，并通过教学活动产生代际影响，经由学术期刊等传播平台进一步放大这种不利影响，最终影响政策制定、经济决策，影响经济生活中的每个人。Romer（2015）也指出，"数学滥用"的影响可能是普遍的、永久的。

（一）对经济学学术研究的负面影响

经济学研究中引入数学的一个重要原因是数学能够准确、简洁且有效地表达观点，使逻辑推理更加严谨。然而数学工具的引入也存在方法论的导向性问题，能否运用数学模型来分析经济关系逐渐成为判断一项研究学术价值的重要依据（林毅夫，2005）。这种导向的负面作用，导致了经济学研究问题的思维模式。例如经济问题首先应该思

考的是：这个因素的真实内涵是什么，存在何种影响机制？带着这样的思考去调查研究，才可能得到有意义的结论。而沉迷于数学工具者，首先不是关心经济运行的真实情况如何，而是首先思考：这个因素可以量化吗，需要采用什么模型，改变哪些条件可以实现自己想要的结果。如果不能量化，就放弃了此问题的研究。更有甚者，则通过玩弄数学模型达到想要的结论。久而久之，学者会失去对问题的创新性见解和敏锐的洞察力，研究越来越脱离实际。因此，"数学滥用"会阻碍思想的创新，导致的结果就是产生出有大量包含冗余数理模型的经济学论文，而真正有思想的文章不多。正如 Romer（2015）批判的那样："经济学研究中的'数学滥用'，忽视了紧密的逻辑演绎，往往导致逻辑滑坡。如果这种不严谨甚至是学术不端持续下去，数学模型就会丧失解释力和说服力。"

经济学期刊放大了"数学滥用"对于经济学研究的不利影响。学术期刊在某种程度上发挥着研究成果的鉴定作用。什么样的研究是好的研究，由同行评议决定。学者会通过学术期刊最新发表的论文来学习、模仿他们认为正确的研究模式。所以，一旦研究模式出现了某种错误倾向，例如"数学滥用"，同行评议这种自我强化的机制很难自发地进行纠正。

（二）对经济学教学的负面影响

2000 年 6 月，法国一批经济学专业的学生在互联网上发表请愿书，掀开了经济学改革国际运动的序幕（陆夏，2011）。请愿书认为，目前的经济学教学存在缺陷，新古典经济学占压倒性支配地位，过于迷恋数学形式主义且严重脱离现实，数学本身成为追求的目标。这场经济学改革的国际运动，说明了经济学中"数学滥用"、过度"数学化"现象普遍存在的一个原因在于，经济学教学中过分强调数学模型的推导，忽视了模型背后的经济学思想训练。

学者在经济学研究中的"数学滥用"会影响其经济学教学。特别是《宏观经济学》《微观经济学》《计量经济学》等课程，教师十分注重数学模型的推导，缺乏对模型背后大量经济现象的剖析和引导。教师上课忙着推导公式，学生片面地将经济学课程理解为掌握各种数学模型。毕业后去业界工作的学生，无法有效应用所学的经济学模型，认为经济学"无用"，实践与理论无法互补，两者越来越脱节；继续从事科学研究的学生，又不断向新的学生重复着老师们的教学方法。经济学的"数学滥用"在经济学的教学过程中被不断延续。

中国的经济学教学尤其需要注意"数学滥用"的负面影响。经济学作为社会科学"皇冠上的明珠"，课程的核心应该在于传授经济学模型背后的原理，培养经济学直觉，训练经济学分析思路，让学生具备理解和解决现实经济问题的能力。中国学生的数学功底普遍较好，这使学生在经济学的本土和国际学习过程中，会强化对于数理模型的偏好。一个经济思想的产生通常并不依赖于数学推导，而是通过细心观察经济学现象、阅读大量文献并经过长期思考才能产生出来（洪永淼，2014）。学生的经济学直觉训练普遍不足，发现问题的能力不够。这些学生成长之后的研究也会剑走偏锋，发表论文的国际学术影响力不强。这可能也是余广源和范子英（2017）研究发现，中国经济学科的国际影响力较弱，全国仅两所大学（北京大学和清华大学）的"经济学·商学"学科进入 ESI 全球前 1%，离国家制定的世界"一流学科"的目标还相差较大的原因所在。

《计量经济学》是经济学实证研究方法的基础，也是重要的经济学课程。但是，错用和滥用计量经济学模型的现象也不断发生，甚至普遍存在（李子奈，2007）。计量经济学不是经济统计学，也不是数学在经济学研究中的应用，而是属于经济学的范畴。它是使用经济观测数据，采用适合经济数据特点的统计方法，估计、验证经济理论或经济模型，解释现实经济现象的一门学科，是连接经济学理论与现实的桥梁（洪永淼，2014）。因此《计量经济学》除了要学习"桥梁"本身的构造外，判断"桥梁"是否合适才是重要的。要判断"桥梁"是否合适，需重点关注"桥梁"的两端——理论与现实，明确"桥梁"

只是起到联结（工具）的作用。但是不少《计量经济学》的课程直接上成了计算机软件的课程，只教了"桥梁"的构造，学生并不具备判断"桥梁"是否合适的能力。在教学阶段埋下了错用、滥用数学的种子，可能是学生今后在经济学研究中滥用数学的一个重要原因。

（三）对经济决策和社会生活的负面影响

2011 年 11 月 7 日，70 名哈佛大学学生退选格雷戈里·曼昆（Gregory Mankiw）的经济学课程[⑦]，称其课程是引爆金融危机的原因之一。曼昆是美国哈佛大学著名的经济学教授，29 岁便已成为哈佛大学的终身教授，其所著的《经济学原理》和《宏观经济学》是国际上最有影响力的经济学教科书之一。哈佛大学学生此举并非针对曼昆教授，而是借此反映学生对当今保守的经济学教育的不满。他们认为，经济学教育太教条，是有偏的。这种偏见会影响哈佛大学的学生，他们中的许多人已成为当今政策的决策者。缺乏系统性、批判性思维使他们的决策出现失误，或许是造成本次金融危机的原因之一。

这一事件说明，经济学教学和研究中存在的问题，会直接影响政策决策和经济社会生活，与每个人都息息相关。"数学滥用"现象表明，部分经济学者已经从坚持科学精神转向了坚持某种学术政治立场。如果事实果真如此，那么经济增长理论的停滞不前和两极分化，并不是科学方法出了错，而是学术政治导致的结果（Romer，2015）。罗默认为，正是"数学滥用"导致了经济增长理论中的严谨数学模型消失，取而代之的是不严谨、随意的"数学滥用"行为。"数学滥用"可能会导致经济学某些领域的研究长期停滞，缺乏创新性见解。当 2008 年全球金融危机全面爆发，主流宏观经济学无法对危机做出准确的判断并提供有效的解决方案。金融危机爆发后，一些经济学家开始反思，金融危机真正的原因在于人性的贪婪和金融监管的失灵，显然这是 DSGE 等模型无法刻画的（Caballero，2010）。

经济学研究最终需要服务于社会。好的经济学研究应该能够将复杂的问题简单化，而不是反过来。晦涩的数学语言或者专业术语如果作为终级形式，只能起到相反的效果。

五、 对经济学研究中 "数学滥用" 现象的反思

经济学研究中使用数学工具与模型，大多数学者并不反对，他们反对的是经济学研究中"数学滥用"的现象。罗默的批判引起诸多学者的讨论。Joshua Gans（2015）、Brad DeLong（2015）、Simon Wren - Lewis（2015）等对罗默的观点表示赞同，认为罗默并不是反对经济假设微观基础的简单化，更不是反对数学在经济学中的应用，而是反对"数学滥用"。他们认为，罗默通过期刊（AER）和会议（美国经济学年会）的广泛影响来表达对经济学研究整体方向的批判，对学术发展是有益的。当然也有一些学者对罗默的批判表示不同看法，比如 Dani Rodrik（2015）、Noah Smith（2015），他们主要对罗默文章中认为经济学研究应该达成一致的观点提出了反对。[⑧]Dani Rodrik 对罗默观点的回应是：经济学并不是自然科学，能够在所有情况下找出一个最优的模型。经济学研究没有必要达成某种共识，应保持经济学中理论模型的多样性，提倡研究方法的多元化。

罗默对经济学中"数学滥用"现象的批判及在经济学界引发的这场大讨论值得所有经济学家反思。我们可以对"数学滥用"问题所引发的两个重大问题进行思辨，以图找出解决"数学滥用"的思路。首先，"数学滥用"混淆了经济学研究的目的与方法，这一问题即经济学研究的思想性与技术性之辨；其次，"数学滥用"不仅没有揭示出经济变量之间的关系，反而会使人们对经济运行规律误读，这一问题有关经济学研究的因果关系与相关关系之辨。

（一）经济学研究：重思想还是重技术？

面对国内经济学术界的思想性和技术性之争，全国哲学社会科学规划办曾牵头，在国内开展了三轮较为广泛的讨论。经过充分讨论，经济学学术界、期刊界达成了一些共识。

第一次讨论的代表性观点刊发于《光明日报》2012年10月28日第5版。中国社会科学院数量经济与技术经济研究所李金华发表的代表性文章《经济学论文：重思想还是重模型》（李金华，2012），剖析了经济学论文数学模型泛化的成因，并认为期刊界有责任把好用稿关、守好入刊门。国内经济学论文中数学模型泛化可能有三个方面的原因：第一，"海归"学者带回国外学术研究范式的影响；第二，国内主流学术期刊模仿国外期刊的数理偏好；第三，国内高校经济学科的专业和课程设置中重数理而轻思想，导致研究者基本功不扎实的后果。经济学期刊应担负起"让科学、有效的数学模型见之于世，应用于实际，服务于社会；不让错误的模型、伪模型见之于刊，防止数学模型应用的泛滥和混乱"的作用。

第二次讨论开始于2013年8月23日，由《经济理论与经济管理》发起，国家社科基金资助的几家经济学期刊联合召开了"经济学论文的思想性与技术性的关系"专题学术研讨会，并最终由五家经济学期刊发布了"坚持'思想性优先'的选稿原则"的联合声明⑨：①经济学研究应当坚持"问题导向"，而不是"技术导向"；②坚持"思想性优先"的选稿用稿原则；③正确处理好思想性与技术性的关系。会议还邀请了国内多位著名经济学家，与会专家一致认为，经济学研究应将思想性放在优先位置，数学模型应当服务于新思想、新观点的发现，而不能片面追求数学模型本身的复杂性和形式化。此次联合倡议可看作经济学界对"数学滥用"问题的一次主动出击。

第三次讨论是由全国哲学社会科学规划办发起，国家社科基金资助的全部26家中国经济学、管理学期刊共同发起的对中国经济学研究选题、研究范式的导向讨论。⑩《经济研究》《管理世界》《世界经济》《中国工业经济》《金融研究》《会计研究》《财经研究》等经济学、管理学权威期刊明确表示，应发挥经济学期刊的引领作用，对中国的经济学研究进行选题引领、研究范式引领。经济学研究中使用数学模型本身没有问题，但目前出现了过分依赖实证分析、重模型轻思想的倾向，这是需要纠正的。经济学期刊选题应该更关注中国经济的现实问题和热点问题，注重理论创新，既要坚守学术为本，也要服务政府决策；经济学研究范式应坚持科学标准，避免对任何单一范式的迷信，方法必须服务于思想（樊丽明等，2015）。本次讨论可以看作中国主流经济学期刊对经济学研究中"数学滥用"现象的集体抵制和纠偏。

2016 年 5 月 17 日，习近平总书记主持召开哲学社会科学工作座谈会并发表了重要讲话，在讲话中指出："创新是哲学社会科学发展的永恒主题，也是社会发展、实践深化、历史前进对哲学社会科学的必然要求。""理论创新只能从问题开始，从某种意义上说，理论创新的过程就是发现问题、筛选问题、研究问题、解决问题的过程。"习近平总书记的讲话强调了哲学社会科学研究中问题的重要性。习近平总书记在讲话中还指出："哲学社会科学研究范畴很广，不同学科有自己的知识体系和研究方法。对一切有益的知识体系和研究方法，我们都要研究借鉴……对现代社会科学积累的有益知识体系，运用的模型推演、数量分析等有效手段，我们也可以用，而且应该好好用。需要注意的是，在采用这些知识和方法时不要忘了老祖宗，不要失去了科学判断力……如果用国外的方法得出与国外同样的结论，那也就没有独创性可言了。"习近平总书记的讲话为解决经济学研究中思想性与技术性的矛盾指明了方向。只有原创性的思想和理论才能构建经济学科的学科体系、学术体系和话语体系，模型推演、数量分析只是证明思想和理论的手段。

（二）经济学研究：因果关系还是相关关系？

大数据应用于经济学研究领域，就产生了经济学研究的方法之争。"经济学研究的是相关关系还是因果关系？"大数据倡导者维克托·迈尔·舍恩伯格（2013）指出，大数据时代最为重要的转变就是从因果关系的研究转向相关关系的研究（谢志刚，2015）。Noah Smith 认为，随着当今信息和计算机技术，特别是大数据技术的发展，未来（基于海量数据的）实证研究方法必然会成为主流。这种潮流的一个典型例子，是机器学习（machine learning）在经济学中的应用。机器学习不需要依赖于经济学理论，通过对大量数据进行分析，识别数据本身的主要特征。换句话说，就是"让数据说话"。他们认为，未来经济学将从完全依赖于理论，逐渐转向数据驱动（data-driven）的研究模式。

然而，这种观点是否正确呢？凯恩斯在《就业、利息和货币通论》中，认为基于概率上的相关关系推导出的经济结果值得商榷，因为仅凭借理论推演或个人经验来预测经济事件或得出结论，这些预测和结论事后几乎都被证明是错误的（凯恩斯，1997）。洪永森（2007）指出，计量经济学更关注的是经济变量之间的因果关系，以揭示经济运行规律。数学模型的推演，并不一定能揭示经济变量之间的因果关系。

经济变量的因果关系，存在于经济学现象之中，由经济学理论所揭示，数学模型可能正确也可能错误验证出因果关系。综观国内外的经济学学术研究，对于因果关系的揭示已经越来越重视。不少经济学研究都包含内生性检验，包括巧妙地应用外生冲击、特殊样本以及克服内生性的各种计量方法应用，研究结果一般都会包含稳健性检验，以各种计量手段保证因果关系的成立。这是一个可喜的现象，说明经济学与数学并不对立，数学如果应用恰当，对于经济学研究因果关系的揭示是有帮助的。

更为有趣的是，Athey 和 Imbens（2015）的最新研究指出，最新的机器学习技术可以用来分析数据间的因果联系，将这一技术运用于经济学领域，可以分析经济学家们最为关注的一类问题——"政策对经济的影响（因果关系）"。该研究在美国国民经济研究局（NBER）会议上引起了学者的广泛兴趣。与传统机器学习主要研究数据预测技术，即主要考察数据间的相关关系不同，新的大数据技术开始注重经济学研究最根本的关切——因果关系。可见，在大数据时代，经济学研究注重变量之间因果关系的宗旨还是没有改变。技术只要服务于目的，两者就可以协调。因果关系的确立建立在经济理论的基础之上，因此未来的经济学研究需要学者们不断创新经济理论，同时也应发挥大数据技术在揭示经济变量因果关系上的作用。

六、 结论

著名经济学家保罗·罗默（Paul Romer，2015）在《美国经济评论》上的文章引起了学界对经济学研究中"数学滥用"现象的关注和讨论。本文以这场争议为背景，首先回顾经济学研究中引入数学的历史，以肯定数学在经济学研究中发挥的积极作用；其次从"数学滥用"的表现形式、"数学滥用"的负面影响等方面系统地剖析了"数学滥用"现象及难以根治的原因；最后从经济学研究的"思想性与技术性""因果性与相关性"等重大关切出发阐述对该问题的反思，尝试找出解决"数学滥用"的思路。

经济学研究中引入数学已经有 100 多年的历史，数学的引入是为了形成完整、严格的理论体系，这是值得尊重的。在经济学研究中引入数学，为中国的经济决策科学化和经济学研究走向世界起到了积极的作用。然而，如今的"数学滥用"现象在经济学界越来越严重，主要体现在：①理论模型假设不符合现实或根据结论修改假设；②数学模型过度运用；③实证研究与经济理论相脱节；④实证过程不规范。

"数学滥用"问题会随着经济学研究者的学习、引用而自我加强。"柠檬效应"促使学术质量让位于数量。在数量评价的导向下，经济学者逐渐失去严谨治学的动力，转而走捷径，甚至玩弄数学模型以达到想要的结论。长此以往，学者将失去敏锐的洞察力和对问题的创新见解，研究越来越脱离实际。学术期刊的同行评议制度又会自我强化"数学滥用"等问题，因此，必须通过外力来主动引导和纠正。

"数学滥用"还会通过教学活动产生代际影响。中国的经济学教学尤其需要注意过度"数学化"的负面影响。注重数学模型推导的经济学课程，使学生无法在工作中有效应用所学理论；继续从事科学研究的学生，又不断重复着不当的教学方法。中国学生良好的数学基础强化了其在国际学习竞争中对于数理模型的偏好。经济学直觉训练不足、发现问题的能力不够，今后研究的影响力就不够。中国经济学科的"双一流"建设还有很长的路要走。

有偏的经济学研究还会对经济决策和社会生活产生负面影响。无论金融危机是否真的与经济学课程的"数学滥用"有关，国际上几次经济学罢课风波也值得我们对于经济学研究和教学中教条主义的反思。现有的主流宏观经济学无法对危机做出准确的判断并提供有效的解决方案，金融危机所反映的人性贪婪和监管失灵也远非 DSGE 等模型所能刻画。经济学研究最终需要服务于社会。

中国经济学界对于"数学滥用"现象已经开始自我纠正。经济学学术界和期刊界曾就"技术必须服务于思想"开展了三轮广泛讨论，并达成共识。主流经济学期刊已经对经济学研究中"数学滥用"现象进行集体抵制和纠偏。这也是繁荣中国哲学社会科学，建立中国特色的经济学话语体系的必然要求。

当前需要对经济学研究和教学进行改革。第一，坚持定性与定量研究相结合。经济学研究以经济理论的逻辑分析为基础，数学具有严谨的形式逻辑，两者的有机结合使经济学知识易于积累和传播。我们需要抵制的是"数学滥用"而非"数学应用"。恰当的数学方法有助于辨识经济变量之间的因果关系。第二，坚持问题导向。经济学研究和教学应该以问题为导向，而不是以技术为导向，数学方法只是手段。经济学的教学应该引导以及训练学生对经济问题的思考，培养经济直觉，倡导批判性思维。第三，坚持简单性原则。提倡复杂问题简单化，而非反之。无论是否采用数学形式，只要能清楚说明观点即可，提倡研究范式的多元化。第四，坚持数学运用的适度原则。根据研究的实际需要，实事求是地应用数学，不玩弄数学游戏。使用数学应严谨，注意模型的边界条件，坚持因果关系辨识。反对经济学研究中的数学形式主义，反对"数学滥用"。

总之，中国经济学研究应该避免"数学滥用"，扭转"西方笼子里跳舞"的倾向，摒弃形式主义的学术评价标准。坚持经济学研究的思想性，立足中国现实，提炼中国问题，正确总结"中国理念"，科学概括"中国经验"，才能建立中国特色的经济学学术体系和话语体系。只有这样才能逐步实现"双一流"建设的目标，做出真正有创新的经济理论，使中国的经济学研究走向国际、引领世界。

作者简介：

陆蓉，上海财经大学金融学院。

邓鸣茂，上海财经大学金融学院、上海对外经贸大学金融管理学院。

注释：

①作者根据 Romer（2015）整理。

②石华军、楚尔鸣（2013），科学主义是指一门学科虽然表面上使用了科学的研究方法，却未得到科学的结果，从而使该学科看上去形似科学，而事实上不是科学。

③2015 年 10 月，国务院印发了《统筹推进世界一流大学和一流学科建设总体方案》，计划通过"双一流"建设，推动一批学科进入世界一流行列。2017 年 1 月 24 日，教育部、财政部、国家发展和改革委员会联合印发了《统筹推进世界一流大学和一流学科建设实施办法（暂行）》，标志着接棒"985 工程"和"211 工程"的"双一流"建设开始全面启动。"双一流"评选将参照国际相关评价，越来越多的大学把进入 ESI 全球前 1% 的学科数量定为发展目标之一（余广源、范子英，2017）。

④［德］恩格斯：《自然辩证法》，人民出版社 1984 年版，第163 页。

⑤ESI，即 Essential Science Indicators，是 Web of Science 中 SCI、SSCI 等核心数据库中同一年同一个 ESI 学科中发表的所有论文，按被

引次数由高到低进行排序的一个指标。ESI可以将论文被引结果再按照国家、机构、学科、学者等进行加总统计，衡量学科和人员的研究影响力。

⑥王美今、林建浩（2012）指出经济模型中的均衡往往是一系列假定之下得到的经济变量关系的结构方程，而协整体现的是变量间某种长期稳定的统计关系，如果等同就存在三个方面的问题：第一，变量之间不具备均衡关系，仍然可能存在协整关系；第二，检验得到的协整方程可能有多个，无法反映多个变量之间的均衡关系；第三，均衡可能包括短期均衡、局部均衡等，显然均衡不等同于协整关系。

⑦详见报道："70名哈佛大学学生退选曼昆，称其课引爆金融危机"，http：//news. sohu. com/20111110/n325158548. shtml。

⑧罗默的批判引起诸多学者的讨论，本部分争论是作者根据彭博网站整理。详见：http：//www. bloombergview. com/articles/2015 − 09 − 01/economics − has − a − math − problem。

⑨详见：《坚持"思想性优先"的选稿原则——五家经济学期刊倡议书》，《财经研究》2014年第1期。五家期刊为《经济理论与经济管理》《财经研究》《经济学家》《经济评论》《南开经济研究》。

⑩详见："经济新常态下发挥经济学期刊引领作用研讨会"专题报道，《光明日报》，2015年5月21日第16版。

参考文献

［1］ Arrow, K. J. （1953）. Le rôle des valeurs boursiè res pour la répartition la meilleure des risques. Econometrie, Colloques Internationaux du Centre National de la Recherche Scientifique, 40：41 − 48；［English translation in：Arrow, K. J. （1964）. The role of securities in the optimal allocation of risk − bearing. Review of Economic Studies, 31：91 − 96.

［2］ Arrow, K. J. , & Debreu, G. （1954）. Existence of an equilibrium for a competitive economy. Econometrica, 22：265 − 290.

［3］Athey, S., & Imbens, G. （2015）. Machine learning methods for estimating heterogeneous causal effects. Statistics, 113：353 – 7360.

［4］Boldrin, M., & Levine, D. K. （2008）. Perfectly competitive innovation. Journal of Monetary Economics, 55：435 – 453.

［5］Caballero, R. J. （2010）. Macroeconomics after the crisis：Time to deal with the pretense of knowledge syndrome. Journal of Economic Perspectives, 24：85 – 102.

［6］Krugman, P. （2009）. A Dark age of macroeconomics （wonkish）. New York Times, （January 27th） at http：//krugman. blogs. nytimes. com/2009/01/27/a – dark age of macroeconomics wonkish/.

［7］Lucas, Jr. Robert E. （2009）. Ideas and growth. Economica, 76：1 – 19.

［8］Lucas, Jr. R. E., & Moll, B. （2014）. Knowledge growth and the allocation of time. Journal of Political Economy, 122：1 – 51.

［9］Markowitz, H. （1952）. Portfolio selection. The Journal of Finance, （7）：77 – 91.

［10］Pfleiderer, P. （2014）. Chameleons：The misuse of theoretical models in finance and economics. Revista de Economía Institucional, 16：23 – 60.

［11］Romer, P. M. （2015）. Mathiness in the theory of economic growth. American Economic Review：Papers & Proceedings, 105 （5）：89 – 93.

［12］Temin, P. （2008）. Real business cycle views of the great depression and recent events：A review of Timothy J. Kehoe and Edward C. Prescott's great depressions of the twentieth century. Journal of Economic Literature, 46：669 – 684.

［13］［法］保尔·拉法格等. （1973）. 回忆马克思恩格斯（马集译）. 北京：人民出版社.

［14］［美］德布鲁. （1988）. 数学思辨形式的经验理论（史树

中译）．数学进展，17（3）：251 - 259．

[15] 杜两省．（2003）．中国经济学的数学化．政治经济学研究报告（4）．北京：社会科学文献出版社．

[16] [德] 恩格斯．（1984）．自然辩证法（于光远等译编）．北京：人民出版社．

[17] 樊丽明，蒋传海，陆蓉．（2015）．"经济新常态下发挥经济学期刊引领作用研讨会"综述全国哲学社会科学规划办公室网站，http：//www. npopsscn. gov. cn/n/2015/0518/c362661 - 27018845. html，05 - 18．

[18] 冯俊新，王鹤菲，何平，李稻葵．（2011）．金融危机后西方学术界对宏观经济学的反思．经济学动态，（11）：11 - 17．

[19] [英] D. F. 韩德瑞．（1998）．动态经济计量学（秦朵译）．上海：上海人民出版社．

[20] 洪永淼．（2007）．计量经济学的地位、作用和局限．经济研究，（5）：139 - 153．

[21] 洪永淼．（2014）．现代经济学的十个理解误区．经济资料译丛，（3）：97 - 104．

[22] 黄宗智，高原．（2015）．社会科学和法学应该模仿自然科学吗？．开放时代，（2）：158 - 179．

[23] 贾根良，徐尚．（2005）．经济学怎样成了一门"数学科学"——经济思想史的一种简要考察．南开学报（哲学社会科学版），（5）：108 - 115．

[24] [英] 凯恩斯．（1997）．就业、利息和货币通论（徐毓丹译）．北京：商务印书馆．

[25] [美] 柯兰德，布兰纳．（1992）．经济学教育．安娜堡：美国密歇根大学出版社．

[26] 李金华．（2012）．经济学论文：重思想还是重模型．光明日报，10 - 28（5）．

[27] 李子奈.（2007）.计量经济学模型方法论的若干问题.经济学动态,（10）：22－30.

[28] 李永刚,孙黎黎.（2016）.诺贝尔经济学奖得主学术背景统计及趋势研究.中央财经大学学报,（4）：95－101.

[29] 林鸿伟.（1999）.从先秦矛盾律思想的角度看东西方思维方式的差异及其影响.哲学动态,（3）：24－27.

[30] 林毅夫.（2005）.论经济学方法.北京：北京大学出版社.

[31] 陆夏.（2011）."经济学改革国际运动"十周年：回顾与反思——访经济学家贾根良.海派经济学,（1）：1－18.

[32] ［奥］维克托·迈尔·舍恩伯格.（2013）.大数据时代（盛扬燕,周涛译）.杭州：浙江人民出版社.

[33] 史树中.（2000）.从数理经济学到数理金融学的百年回顾.科学,（6）：29－33.

[34] 石华军,楚尔鸣.（2013）.当代经济学研究方法过度数学化的反思与纠偏.青海社会科学,（5）：34－39.

[35] ［英］斯坦利·杰文斯.（1984）.政治经济学理论（郭大力译）.北京：商务印书馆.

[36] 田国强.（2005）.现代经济学的基本分析框架与研究方法.经济研究,（2）：113－125.

[37] 田国强.（2016）."双一流"建设与经济学发展的中国贡献.财经研究,（10）：35－49.

[38] 王美今,林建浩.（2012）.计量经济学应用研究的可信性革命.经济研究,（2）：120－132.

[39] 王庆芳,杜德瑞.（2015）.我国经济学研究的方法与取向——来自2012至2014年度1126篇论文的分析报告.南开经济研究,（3）：140－152.

[40] 韦森.（2007）.经济学的性质与哲学视角审视下的经济

学——一个基于经济思想史的理论回顾与展望．经济学（季刊），
（3）：945－968.

[41] 乌家培．（2008）．我国数量经济学发展的昨天、今天和明
天．西部论坛，（1）：1－4.

[42] 习近平．（2016）．在哲学社会科学工作座谈会上的讲话．
05－17.

[43] 徐祥运．（2005）．如何看待哲学社会科学数学化．佳木斯
大学社会科学学报，（4）：11－13.

[44] 谢志刚．（2015）．大数据再掀经济学方法论之争．中国社
会科学报，09－17.

[45] 尹世杰．（2005）．经济学应该"数学化"吗？．经济学动
态，（7）：36－40.

[46] 余广源，范子英．（2017）．"海归"教师与中国经济学科
的"双一流"建设．财经研究，43（6）：52－65.

（①原文刊发于《管理世界》2017 年第 11 期。②参考引用：陆
蓉，邓鸣茂．（2017）．经济学研究中"数学滥用"现象及反思．管
理世界，（11）：10－21.）

中国经济学研究现实的反思

李金华

当下的经济学研究成果，即经济学学术论文有着难以掩饰的数学崇拜或数学推崇现象；经济学中数量模型的不完整或缺陷直接导致了研究结果的不确定性，克服这种不确定性也十分困难。面对飞速发展的社会，以及日趋复杂的经济问题，经济理论常常表现出无奈和怯力。经济学家、经济学者需要走出书斋，走出"象牙塔"，把经济学研究建立在社会经济发展所需、人类进步所求之上，这才是真正的经济科学研究，才是社会和公众所欢迎期待的经济科学研究。

新媒体最近流行几篇文章，分别是《经济学家为何错得如此离谱》[1]（以下简称《错》文）、《经济学家的数学崇拜》[2]（以下简称《崇》文）、《经济学家的傲慢与无知》[8]（以下简称《傲》文）。三篇文章有的是早先发表而最近被重新提起，有的则是新近发表。仅从题目看，这几篇文章应该不受经济学家们欢迎，但它们却在学术界广为流传。意外的是，学术圈内颇为宁静，未引起大的争议，尤其是鲜见有不同观点或针锋相对的文章面世，这种现象值得深思。

几篇文章的核心观点可归纳为三点：①经济学家们热衷于炫耀自己的数学才华，在经济学研究中注重数学公式、数学模型的漂亮和精确，却忽视模型揭示真实客观世界的能力。②经济学家们充满自信和骄傲，在一些经济学家眼里，无论多么复杂的现象都是可以用数学模型来进行解释的，只要构建了模型，其研究方式就是科学的，研究结论便有了充分的合理性和正确性。③面对复杂的经济现象，经济学家常常难以作出正确的预测，时常会作出错误的判断；面对复杂的经济问题，经济学家们常常束手无策，但这不曾动摇过一些经济学家的优越感和自信心。几篇文章用直白率性的语言，痛陈当代经济学研究中比较普遍存在的问题，剑指学界不能回避、不可否认的现象，振聋发聩、石破天惊。学术界可能对这些文章的观点持有不同的认知，但迄今未见有挺身发声的学者，也未见有针锋相对进行驳斥的文章。这几篇让一些经济学家们颇为难堪、一时语塞的文章确实反映了经济学研究的现实，也体现了经济学研究的无奈，应该引起经济学界的深刻反思。

一、 经济学学术成果的高度数学化

如同《错》文和《崇》文所述，当下的经济学研究成果，即经济学学术论文有难以掩饰的数学崇拜或数学推崇现象，主要体现在以下三个方面。

第一，经济学论文大多都会有数量模型。从国际主流学术期刊发表的学术论文看，经济学论文都是有数学模型的，无论是规范性研究成果，还是实证性研究成果，数学方法、数学模型都在论文中占有相当的篇幅，如果没有比较过硬的数学功底，这些论文一般人连看也看不懂。这是一种典型的数量模型应用泛化。

中国经济学论文模型泛化起自20世纪80年代。彼时，一批海归学者学成归国，逐步主导了中国经济学研究的范式和方向。特别是随着高等院校经济管理类专业高级宏观经济学、高级微观经济学、高级计量经济学等数学色彩浓厚的课程的开设，中国经管类的研究生很好地掌握了数学工具，这使计量方法、数学模型在经济学研究中能大行其道。特别是数学建模、计量分析方法成为经济学博士生培养的核心课程后，中国的经济学研究基本承袭了西方经济学的研究范式，经济学论文逐渐形成了一个固定的套路：理论依据—研究假设—模型设计—模型检验—研究结论。不宜指责这种研究范式的不妥，也不能否认模型和计量方法在经济学研究中的作用，但需要注意的是，一些经济学者有意或无意地对数量模型的过度推崇，似乎一切经济现象都可以用数量模型描述，一切经济问题都可以用数量模型解析。

事实上，数量模型是由客观现实抽象出来的描述现象特征和现象间相互关系的数学表达式。它借助数学语言和数学符号来刻画客观经济现象，其表达形式是方程式。数量模型由变量、参数和随机误差等元要素构成。其中，变量反映经济现象特征或现象变动情况；参数是用以求出其他变量、决定方程式的待定常数；随机误差是无法预知、不可确定的因素。在内容上，经济模型的背后是客观事物和经济现象。而在现实中，经济问题和经济现象是十分复杂的，并且是动态变化的，有限的若干个变量是很难精准地反映所要描述的对象的。特别是经济现象的变化过程常常受到不可预测的随机因素的影响，而随机因素不易捕捉又容易在数量分析中被忽略，但恰恰是这些被忽略的随机因素可能严重地影响了事物或现象变化发展的结果。这就导致了数量模型可能出现预测不准、结论不可靠的情况。

第二，数量模型成为许多学术论文的主体。经济学学术成果高度数学化的另一个重要表现是，一篇研究现实问题的论文有相当大的篇幅是理论模型的描述、应用模型的设计、模型的各种检验，而研究结论或研究发现、有关问题本身的分析、对问题本身解决的对策则是寥寥数语。如果一篇研究现实问题的论文，大量的笔墨不是对问题的剖析，不是解决问题的措施，反而是数量模型的构建、模型的检验等，这显然是不妥的。若学者是无意而为之，至少是喧宾夺主，偏离了主题；若是有意而为，则就如《崇》文所述的有数学炫技之嫌。特别地，当学者费力设计出的数学模型仅仅是说明了一个不言自明的道理，或是证明了一个诸如"兔子长了两只耳朵，马有四条腿"这样显而易见的命题，这就需要引起警觉。事实上，这种以众所不知的语言说明一个众所周知问题的现象在当下的经济学研究中绝非个案。如果把此类娱乐性的文字游戏也称为经济科学研究，那无疑是对"科学"一词的贬损。

第三，一切问题都试图以数量模型解决。在现今的经济学研究中，不少经济学者对经济模型给予了足够的信任和依赖。在一些学者看来，一切经济现象均可以用数学来说明，一切经济问题均可用模型来解决，于是就出现了估计一个地区吸毒者的数量模型、反映官员升迁与地区增长的模型、反映传统婚礼最优参加人数的模型、雾霾污染与官员晋级的模型、反映"官二代"如何获入优质中学的数量模型等。在这些学者眼里，数量模型就是一个法宝，放之四海而皆准。一篇经济学论文，有了数量模型就有了立论的依据，就占领了制高点；有了数量模型，研究的结论就有了科学理论的支撑。模型越复杂就越科学，模型越复杂水平就越高。

数量模型反映客观事实与事物内部的结构、现象间的关系。数量模型的构建需要有数学理论基础，也需要统计学和经济学理论做支撑。如果以数量模型来分析研究客观经济问题，就必须要求所设计的模型能精准、全面地反映客观现实，能反映客观事物的本质，而做到这一点恰恰是极为困难的。2014 年，斯坦福大学金融经济学家保罗·弗莱德尔发表了一篇有名的论文《变色龙：理论模型在金融与经济学中的滥用》[4]，严肃地批评金融研究和经济学研究中数量模型的滥用问题。他把模型比作一只变色龙，认为：模型即使建立在一个值得怀疑的真实世界基础之上，也仍可以得出结论，故而不能不加鉴别地或不足够审慎地将数量模型应用于我们对经济的理解中。他指出了数量模型的局限，批评了模型应用的随意性。美国经济学家、新增长理论的主要建立者保罗·罗默于 2015 年发表过《经济增长理论中的数学滥用》[5]一文，揭示经济学研究中多年来持续存在的滥用数学模型的现象，指名道姓地批评一些大牌经济学家也存在的数学模型滥用问题。罗默认为，经济学中的数学模型滥用不但无助于解决现实问题，反而使简单的问题变得复杂，复杂的问题变得更加晦涩难懂。经济学家们应该用更为直接、易懂的语言来展现他们所擅长的知识，而不是如现在这般把简单的问题复杂化，似乎只要建立了模型，其研究方式和结论便有了充分的正当性。

应该承认数量模型可以帮助经济学家进行分析和推论，但过度夸大数量模型的功能，过度强调数量模型的普适性，甚至对数量模型产生崇拜，这就走极端了。现在，国内主流的或被公认的权威经济学期刊，其发表的学术论文大多都是要有数学模型、数学公式，没有数学模型和数学公式，就体现不出技术含量、表现不出学术水平，模型和公式成为经济学研究成果水平的核心标尺，以文字表现的论文的观点、思想则显著地被忽视了。较之论文的内容，论文的表达形式更显重要。经济学与数学是如此之近，而经济学思想、经济科学成果离大众却又是如此之远。现实中许多普遍常见的经济现象，在经济学者的笔下被描绘得如此深奥无比、晦涩难懂。一项科学研究成果，其表现形式重于成果本身，显然是不合逻辑的，也是十分有害的。

二、 经济学研究成果的不确定性

模型无所不适，无所不能。有了数学模型，模型通过了检验，研究就成功了，研究结论就立得住了，研究范式就科学了。正是这种认知，推动了中国经济学研究中模型的泛化和滥用。

数量模型滥用、泛用的一个重要恶果是导致经济学研究结果的不确定性，这里的不确定性主要指研究结论的不可信、不可靠。正如《傲》文中所提到的加州大学伯克利分校富尔卡德教授的观点：经济学中的某些原理与客观现实的关系实际上含混不清，在经济学研究中晦涩难懂、充满矛盾。中国的一些经济学者凭借数学上的优势，常常喜欢设计经济计量模型研究经济问题。他们将更多的精力放在漂亮模型的设计上，努力地使数量模型能通过各种检验，但模型捕捉客观现实的能力却被他们轻松地忽视了，而这恰恰是致命的。

一切数量模型都是建立在数据基础之上的。经济数据主要分为三类：截面数据、时间序列数据、面板数据，当然也有一些通过专门调查获取的微观数据，如离散数据、计数数据、截断数据、持续时间数据等。根据不同类型的数据，可能设计不同的数量模型，但所有的理论模型都是有假定前提的，而且对数据性质也是有要求的。为解决建模过程中遇到的数据缺失或数据失效的问题，经济学者们煞费苦心，耗尽了心力，总是能使各类数据拟合出各类数量模型，使建模能够成功。例如，基于时间序列数据建模往往要求数据是平稳的，面对非平稳的时间序列，学者们通过一阶差分、二阶差分，可以解决数据的平稳性问题，从而建立起数量模型。如果截面数据出现异方差性，即对于不同的样本点，随机误差项的方差不再是常数，而是互不相同的，可能导致参数估计量失效，变量的显著性检验也失去意义，进而降低模型的预测功能，经济学者发明了图示检验、戈里瑟（Gleiser）检验、巴特列检验、G-Q检验、怀特检验等进行异方差检验，而后用加权最小平方法、广义最小平方法等解决建模的参数求解问题。经典回归模型中的随机误差项如果存在相关关系，即出现序列相关，会影响模型的预测和分析，经济学家们探索了德宾-沃森（Durbin-Watson，DW）检验、拉格朗日乘数（LM）检验，用广义差分法来解决建模问题。如果多个解释变量存在相关关系，即出现所谓的多重共线性问题，经济学家们发明了差分法来排除引起共线性的变量，或者用岭回归法来减少参数估计量的方差。如果多个解释变量中存在一个或多个随机变量，即随机解释变量与误差项不相关，或者与误差项同期无关而与异期相关，或者与误差项同期相关，可能导致模型参数的有偏或非一致，经济学者发明了工具变量法来解决随机变量的问题等。

由经济计量学的教科书可知，面对模型构建中存在的各种困难，经济学家们都基本成功地找到了应对之策，努力地使数据能很好地符合建模要求，保证经济模型能自圆其说，符合数学逻辑。可以说，一部经济计量学教科书也就是一部如何依据数据建立数量模型、如何克服各种困难建立数量模型的过程史。问题随之而来，模型是建立起来了，也通过各种严格的检验了，似乎是更精确了，但使用经过改造后的数据建立起来的模型对客观世界反映的真实程度又有多大呢？如果认定数据是对真实现实的反映，那么建立在加工修匀后数据基础上的研究结论又有多大的可信度呢？

事实上，客观现实远比数学模型复杂，特别是一些不确定因素，数学模式是永远也无法捕捉和刻画的，这也就决定了数学模型的局限性，数学模型不可能万能。在计量经济学的发展史上，曾出现过许多著名的数量模型，如1909年美国巴布森统计公司发布的巴布森经济活动指数；1911年美国布鲁克迈尔经济研究所编制并发布的涉及股票市场、商品市场和货币市场等的经济景气指标体系；1917年哈佛大学编制的"经济晴雨表"和进行经济景气预测的著名的"哈佛指数"；1920年英国伦敦与剑桥经济研究所编制的英国商业循环指数；1950年美国国家经济研究局（National Bureau of Economic Research）设计扩散指数，建立的经济景气监测体系等，以及1955年设计的测度美国长期经济增长的瓦拉瓦尼斯（Valavanis）模型、1960年建立的反映美国萧条时期经济情况的杜依森伯利－艾克斯坦－费罗姆（Duesenbery－Eekstein－Frolnm）模型等。这些带有典型意义的计量或统计模型或方法，曾在特定时期对经济分析发挥过一定的作用，但最终因为经济预测和判断的失灵或失败而退出历史舞台或不再留在人们的记忆中。特别是几次波及全球的经济大危机、布雷顿森林体系崩溃、频频出现的周期性经济波动、石油价格的不断上扬，深刻地影响了全球经济，但经济学家及经济学家们所创立的数量模型最终都未能作出准确预判。更让人们大跌眼镜的是，当危机蔓延、危害日盛时，经济学家们和他们的数量模型始终不能推出有效的应对措施。人们不得不对名扬一时的模型失去信心，从而不再迷信这些模型。这也让经济学家以及他们的模型陷入难堪的境地。

芝加哥经济学派代表人物之一，1995 年诺贝尔经济学奖得主罗伯特·卢卡斯[6]曾对政策实施效果的定量评估进行过批判，不认为宏观经济计量模型在政策目标分析中是有效的。讽刺的是，他对模型的应用还遭到过罗默的批评。2011 年的诺贝尔经济学奖得主克里斯托·西姆斯[7]对传统的考尔斯经济研究基金会设计的关于行为关系的模型设定方法也曾提出过质疑。他指出对模型的短期动态约束是不可信的，但他的批判导致了向量自回归模型在宏观经济计量分析中的广泛使用。同样，哈佛大学教授奥兰多·帕特森、伊森·福斯认为①，经济学家与公众的认知往往存在巨大的差距，即便每年有获得诺贝尔经济学奖的研究成果，但这也掩盖不了经济学家们所创立的理论和政策在实践中造成的灾难性后果。而加州大学伯克利分校教授富尔卡德则认为，经济学家们无法正确揭示客观现实世界的本质，许多经济关系模糊不清，许多经济学研究成果在逻辑上存在矛盾。而且，一些经济学家还与政治游戏维持着复杂的关系，这令他们易于受意识形态的影响。在意识形态和利益集团存在分歧时，他们的观点难以得到真实清晰的表述。

虽然对经济学研究成果的不确定性见仁见智，但一个基本事实是，经济学的科学性远低于医学、物理学和生物学，甚至低于社会学。除了数量模型的应用问题之外，另一个原因是经济学者对定性分析方法甚至对其他领域和观点的排斥。因此，需要承认经济学中的数量模型与物理学模型是存在差别的。后者建立在大量实验数据基础之上，这基本能保证其揭示事物的内在本原，保证其预测能接近客观实际。而经济学中的数量模型则是建立在系列假定之上的，加之削足适履的数据处理和方法，使其很难精确地捕捉真实世界。在经济学研究的实际

---

① 2015 年 2 月 9 日，美国《纽约时报》以"经济学家被高估了吗？"为题，邀请一些从事社会科学不同研究领域的学者，对经济学家的地位和作用展开分析、批评或辩护，以利于比较经济学与其他学科的优劣，防止经济学研究误入歧途，促进经济学和跨学科研究的顺利发展。奥兰多·帕特森、伊森·福斯的观点是在这次辩论会上的发言。参引自 http：//www.mbachina.com/html/zx/201708/111288.html。

中，许多数量模型的背后可能是一个虚构的故事，本应包括在其间的一些因素可能被忽略，一些因素可能不被捕捉。这类有缺陷、不完整的数量模型直接导致了其研究结果的不确定性，而克服这种不确定性的过程将是漫长且十分困难的。

三、 经济学理论对实践指导的滞后性

经济学模型的滥用、泛用常常让经济学家们陷入难堪，而经济学理论的应用也常使经济学者们无奈。

按照经济学说史的演化脉络，现代经济学起源于 1776 年亚当·斯密出版的《国富论》一书。这是第一本阐释欧洲产业经济增长和商业发展历史的经济学著作，其面世标志着现代经济学的诞生。斯密创立了价值理论、分配理论、社会资本再生产理论、经济发展理论、国际贸易理论，讨论了政府在经济发展中的作用及其经济政策。古典经济学集大成者大卫·李嘉图继承和发展了斯密的经济学理论，在经济学研究中引入逻辑演绎方法，对后世经济学研究产生了长期深远的影响。他创立的经济理论体系把英国古典政治经济学推到了一个高峰。

19 世纪末，美国经济学家托尔斯坦·凡勃伦对传统经济学理论进行过尖锐、诙谐的批判。他阐明了习惯、文化以及制度如何塑造人类行为，以及人类行为的变化是如何影响经济的，强调社会制度对个体行为的影响，创立了制度学派。1890 年，近代最为著名的经济学家之一阿尔弗雷德·马歇尔发表了在经济学史上划时代的著作《经济学原理》，把古典经济学的生产三要素扩充为劳动、资本、土地和组织（企业家才能）四要素，提出以工资、利息、地租和利润等来决定均衡价格，创立了微观经济学理论体系。1936 年，约翰·梅纳德·凯恩斯发表了《就业、利息和货币通论》，成为宏观经济学理论体系诞生的标志性著作。与古典经济学家和新古典经济学家不同，凯恩斯反对放任自流的经济政策，主张国家直接干预经济，其创立的财政政策、货币政

策思想后来演变为整个宏观经济学的核心。在他看来，政府可以通过建设大坝、桥梁、公路、铁路等公共项目，雇用失业人员，刺激生产、增加就业。凯恩斯等创立的宏观经济学至今仍在西方经济学理论体系中占据重要地位。

追溯经济学理论的发展史不难发现，现代社会发展过程中所出现的一切经济活动或涉及的一切经济问题都有与之相对应的经济理论，如财政、金融、货币、产业、经济增长、经济发展、经济危机、生产效率、生产供给、市场需求、资源有效利用、经济制度结构、制度变迁、产权、博弈均衡、消费、行为经济、契约等。这些经济学理论的形成和发展，丰富了经济学知识体系，对当时或后世的社会经济都产生过影响甚至重要影响。但是，作为人文社会科学的经济学研究带有鲜明的时代特征，相当多的经济理论的形成都是源起于当时的社会环境，经济学家们的研究也都是为了解决彼时的现实经济问题。在中国，这一特性表现得尤为明显。中国经济学家探索思考经济问题都是在浓烈的时代大背景下展开的，如初级阶段理论、市场经济理论、所有制理论、企业发展理论、企业改制理论、商品流通理论、价格理论、宏观经济理论、分配与消费理论、经济发展战略理论、产业结构理论、生产效率理论、产业组织理论、区域经济理论、农村经济理论、对外开放理论等。与其说是中国经济学家创立了这些理论，毋宁说是中国经济学家在中国经济建设和发展的过程中研究思考过这些问题。

由上文的分析可知，经济学理论的形成更多依赖于社会实践，是社会经济发展的实践促成了经济学家对经济问题的研究思考。因此，相对于社会经济发展的实践，经济理论存在滞后性。在社会发展的实践中出现了某些问题，经济学者便热衷于去研究（当然，也有开展前沿或未来问题研究的经济学者），而后形成所谓的经济学理论。当新的问题再度发生、环境条件发生变化时，既有的理论就无法指导解决新问题。例如，没有恰当的理论能解释中国经济增长的奇迹，也没有恰当的理论能说明新工业革命的源起走向。现阶段，中国经济如何自我持续增长？贫困地区如何有效发展经济？制造业如何升级发展？金融市场如何稳定？宏观经济如何由虚向实？民营企业如何激发投资活力？这些具体的经济问题似乎没有哪种或哪些经济理论能开出灵丹妙药，拿出有效的解决对策。

经济学理论自身的概念和结构也限制了其应用和发展。保罗·弗莱德尔在他那篇有名的批评数量模型在经济学研究中滥用的文章中曾打过一个形象的比喻：一个工程师、一个物理学家和一个经济学家被困在荒岛上没有东西吃。一个装有罐头的箱子被冲到岸上，三个人考虑如何打开罐头。工程师说：让我们爬上那棵树，把罐头扔到岩石上；物理学家说：让我们把罐头放在营火上加热，直到里面的压力增加使它打开；经济学家说：让我们假设有一个开罐器。这个故事说明，相对于自然科学这类硬科学，经济科学有着更多的软性或柔性成分。许多事实说明，一些著名的经济学定律、经济学原理，一如天上的星星，辉耀但却让人遥不可及。这些理论社会大众不明白、科学家不明白、政治家不明白、工程师不明白、企业家不明白、商人不明白，有时甚至同领域的经济学家也不明白！试想，这样的经济学还是关于现实世界的经济学吗？建立在一个或多个假定基础之上的理论对现实能有多大的指导意义呢？这样的研究成果能有多大的应用价值呢？

两百多年的经济理论发展史表明，面对飞速发展的社会，面对日趋复杂的经济问题，经济理论常常显示出它的无奈和怯力。人们感受不到，或者很少直接感受到经济科学给人类带来的文明和愉悦，恰恰是自然科学、工程技术、四次工业革命给人类带来了巨大的物质文明和精神文明，给人类带来了幸福感和成就感。不能指望经济学家能一朝一夕改变这种状况，但经济学家不能漠视这种现象，需要警醒，需要反思。

四、 结语

在反思了中国经济学研究的一些现实后，不能如本文开头提及的三篇文章中所述的那样,说经济学家傲慢无知[8]。恰恰相反,有些经济学家极为精明。他们擅长发明新的学术名词,善于使用艰涩的语言,把具体的问题抽象化,把简单的问题复杂化,让人如坠云里雾里。然而,无情的事实让不少经济学家不能遂心如愿。他们研究的某些定律此时成立,彼时不成立;某些研究发现有时似乎正确,有时又似乎不正确;某些研究成果,时而管用,时而又不管用;某些经济预测忽而准确,忽而不准确。这大大削弱了经济科学在公众心中的位置。

要看到,有一批认真、执着、务实、谦逊的学者,在踏踏实实地研究经济问题,为解决经济问题不断提供着可执行的、可操作的或可供选择的方案。这些学者值得尊重。但是也要看到,把研究建立在假想虚无的环境中,无视公众需求,严重脱离实际,把数量模型打扮成科学,把数学方程式当作成研究的标尺,这样的学者也不在少数,更不是个案。事实已经证明,客观事实与数学推理不可同日而语,数量模型不能成为判定事实的决定性依据。在黑板上推演数理模型,在书斋里、在"象牙塔"里讨论经济问题,这种煞有其事的经济学研究,其实是经济学人的自娱自乐,算不上是真正的科学研究,也是不可持续和没有生命力的。经济学家、经济学者需要走出书斋,走出"象牙塔",面对实际,解决问题,把经济学研究建立在社会经济发展所需、人类进步所求之上,为人类创造福利,为社会带来效应。这才是真正的经济科学研究,才是社会和公众所欢迎期待的经济科学研究。

作者简介:

李金华,中国社会科学院数量经济与技术经济研究所研究员,中国社会科学院大学教授、博士生导师。

参考文献

[1][美]保罗·克鲁格曼.(2010).为什么经济学家错得如此离谱(刘利编译,张兴胜校).银行家,(7):128-131.

［2］Levinovitzd，A.（2017）．经济学家的数学崇拜．企业家日报，07－14（W03）．

［3］［8］宋小川，乔瑞庆．（2017）．经济学家的傲慢与无知［N］．企业家日报，07－21（W03）．

［4］Pfleiderer，P.（2014）．Chameleons：The Misuse of Theoretical Models in Finance and Economics. Working Paper，No. 3020.

［5］Romer，P. M.（2015）. Mathines in the theory of economic growth. American Economic Review，105（5）：89－93.

［6］Lucas，R. E. J.（1976）. Econometric policy evaluation：A critique. Carnegie－rochester Conference Series on Public Policy，（1）：63－64.

［7］Sims，C. A.（1980）. Macroeconomics and reality. Econometrica，48（1）：1－48.

（①原文刊发于《中国地质大学学报（社会科学版）》2018 年第 2 期。②参考引用：李金华．（2018）．中国经济学研究现实的反思．中国地质大学学报（社会科学版），18（2）：166－172.）

经济学的现代主义贫困

——经济学数学化的哲学思考

刘树君

经济学数学化促进了经济学的发展，同时也让经济学付出了沉重的代价。经济学要使用数学，但要坚持方法的多元化，数学只是其中之一，如此经济学才能向经济学本身回归。

从近代科学诞生，数学方法首先在自然科学，其次在社会科学中得到广泛应用，逐渐成为一种权力话语。伽利略说大自然是用数学语言写就的。伦琴认为，对科学工作者必不可少的第一是数学，第二是数学，第三还是数学。马克思也认为成功地运用数学是一门学科成熟的标志。19世纪70年代创立的新古典经济学引发了西方经济学发展中的一次革命，称之为革命，原因在于此后经济学的发展有了新的转向：一是主观效用理论取代了劳动价值理论；二是边际革命中尤其是瓦尔拉斯在经济学中引入微积分等高等数学的分析方法。西方主流经济学从此走上一条数量化和形式化的不归之路。人们把经济学看作社会科学中的皇后，认为经济学是"最科学的社会科学"[1]，最根本的原因就在于经济学比其他社会科学更多地运用了数学，经济学数学化也被认为是经济学现代主义的一个基本特征。同时经济学的数学化趋向也越来越遭到质疑。

一、 经济学数学化的历程

19 世纪 30 年代前，经济学中很少使用数学，即便用到也是如魁奈的《经济表》中的简单表述方式。亚当·斯密建立起的古典经济学基本用的是描述性语言，马克思的再生产图式使用的也是简单的代数表述。威廉·配第在《政治算术》中运用了统计分析方法。而约翰·格朗特在《对死亡表的自然观察和政治观察》中第一次用大数定律经验说明了社会经济现象在平均意义上具有规律性。威廉·配第和约翰·格朗特被看作"西方经济学史上应用数学工具作为分析手段的第一个里程碑"[2]。

皮罗涅·汤普森在 1824 年《论交易工具》中对政府用纸币购买商品和服务时的收益最大化问题的分析，被公认为是在英语世界的经济学中把微积分第一个应用于经济分析。[3]也有学者认为奥古斯丁·古诺于 1838 年出版的《财富理论中数学原理的研究》是经济学数学化的开端，认为是他首次缔造了经济现象的数学模型。约翰·海因里希·冯·杜能把边际原理用于生产理论，赫尔曼·海因里希·戈森发展出完整的消费理论并将其建立在边际原理之上。

19 世纪 70 年代，杰文斯、门格尔和瓦尔拉斯三人同时发起的边际革命对经济学数学化起了关键作用。他们把边际原理用于消费者行为并得到深刻的结论：用强调主观效用的理论替代劳动价值论，从边际效用递减原理引申出需求法则。事实上，边际革命本身不是突变的，而是一场缓慢的运动，如斯皮格尔所说，"其发作和开始实际上跨越了整个 19 世纪"[4]。从这个意义上来说，这场"缓慢"的运动也是经济学数学化的过程。尤其是对瓦尔拉斯来讲，边际革命也是一场基于数学的革命，开辟了经济学运用数学化的全新路径。之后，数学成为了经济学的主要分析工具。马歇尔在边际革命的基础上综合建立起新古典经济学，从使用数学的角度开创了一种新的方法——图表表述方法。

这一方法的运用,使整个经济理论体系成为一个有机的整体。但事实上马歇尔一直审慎地使用数学。

20 世纪 30 年代,凯恩斯以充分就业作为目标建立起宏观经济学,将概率论中的不确定性引入经济分析中,依此建立起来的利息理论成为沟通经济学中实物理论和货币理论的桥梁。杰拉德·德布鲁运用拓扑学使均衡理论更加精致化,他给出了自由经济中多市场一般均衡存在性的证明。但"他的证明更多的是关于数学逻辑问题的处理而非经济学"[5]。萨缪尔森把分析数学引入经济学,实现了数学对经济学的又一个突破,而且他的著作也形成了和经济计量学的联系。计量经济学旨在数量概念下发展模型和理论,同时把模型设计成可操作和测量的且易于进行统计检验。计量经济学从 1930 年计量经济学学会创立后开始盛行并得到了长足的发展。亨利·穆尔试图从统计上证明克拉克的边际生产力理论,对需求曲线进行统计推导,并在亨利·舒尔茨的帮助下使需求的统计分析在更大规模上持续。

伴随着数学和经济学的发展,经济学愈加数学化,数学的前沿进展都被运用于经济学中。从 1969 年开始的诺贝尔经济学奖得主多数是由于数学方法的使用。发表在经济学杂志上的论文中,运用数学工具的占所有论文的比重持续上升。《美国经济评论》《经济杂志》《政治经济学杂志》《经济学(季刊)》等权威刊物,"20 世纪 20 年代前,90% 以上的文章用文字表述。20 世纪 90 年代初,90% 以上的文章使用代数、积分或者是关于计量经济学内容"[6]。甚至有人认为,数学对于经济学的介入已经比在物理学中还彻底。

二、 经济学数学化的是与非

经济学数学化成为不争的事实,数学对经济学发展意义非凡。经济学中大规模使用数学,开启现代分析至今不过一百多年,而恰恰是这一百多年是经济学颇有建树的时期。这期间经济学的重大突破都和数学的应用有着紧密的联系。

（1）经济学数学化促进了经济学学科的持续发展，加深了人类对经济现象的认识。马克思认为任何学科运用数学的前提，是对学科本身所研究的对象已经有了定性的把握。对于有些经济问题，尤其是一些局部问题，没有数学可能永远表达不清楚，而数学给出的简化分析使理论本身更加清晰和严格，数学形式主义赋予了经济学严谨性和精确性。数学表达可以帮助我们避免逻辑错误、厘清概念、建立逻辑基础，从而将含糊的表述转化为符号形式和基本数学形式，使经济变量之间的关系数量化并保证逻辑推理过程的严密性，减少经济关系中的不确定因素。

（2）经济学数学化便于经济理论的检验。伴随着科学哲学中实证主义、逻辑实证主义和批判理性主义的影响，经济学也不断强调理论的经验检验。理论如何被经验检验呢？逻辑实证主义致力于科学理论的逻辑重建，把科学理论形式化和符号化，还原为一种命题系统。孔德就认为数学是科学和哲学的形式基础，用数据检验理论就导致把原理转变为数学表达形式。运用数学，经济学命题就可以更加明晰而且可以通用，这样理论就完全是可检验的。哈奇森说："波普尔把经济学的数学化看作经济学中的'牛顿革命'"[7]，也在强调经济学数学化才能便于理论检验这一点。

（3）经济学数学化也不断拓宽了经济学的研究领域。边际革命后，经济学的重大突破都伴随着数学的应用，这在前面已做过表述。同时，经济学数学化是经济学现代化的标志，虽然对经济理论带来阐释普遍性的助益，但这种助益是有代价的，同时带来了经济学的现代化贫困。

首先，经济学数学化的倾向导致了经济学家对经济模型的盲目崇拜，认为只有数学模型才能研究经济问题，数学成为研究的目的而非工具，加强了经济学的实证和模型化倾向。经济学家对大量经济现象进行总结并形成系统化的知识体系，在这个过程中借助数学方法进行推演和数据处理是必要的手段。但手段不是目的，更不是理论本身。

奥地利学派经济学家从门格尔开始拒斥数学就源于他们认为经济学研究的是人的行动，经济现象是复杂现象，是一个受制于外部力量冲击的开放系统，而数学形式主义构造的模型是一个封闭系统，不能说明现实经济的完全开放性特征。科学哲学家玛丽·海斯认为"一种形式上的、符号性的语言永远不可能代替思想，当一个词成为恰当和唯一的符号的时候，它所表达的一些必要的含义也就丢失了。与数学相比，现存语言的不明确，正是它们的适用性以及得以发展的代价"[8]。贝塔郎菲认为，在自然科学中使用模型也有危险，其危险是过于简化：为使它在概念上可控，把现实简化成了概念骨架……现象愈多样化和复杂，过于简化的危险愈大。[9]事实上这种危险已经深刻体现于经济学中。

其次，经济学数学化的倾向使经济学日益远离现实而成为"黑板经济学"。科斯如此批评主流经济学"被研究的东西是经济学家心目中的，而不是现实中的体系。我曾称之为'黑板经济学'"[10]。科斯认为经济学以牺牲对现实经济的理解为代价而追求形式上的精确，关注精确计算的结果，而对社会规范、情感、道德等视而不见。现实经济生活中人们之间的社会关系被抽象为数学函数，每个人都是具备完全信息的理性经济人，类似一个抽象的数学符号，犹如物理学中的质点与刚体，这种高度的抽象把人最本质的东西抽象掉了。海尔布伦纳和米尔伯格曾指出"在极端时，经济学'高度理论化'不切实际的程度只有中世纪经院哲学可以与之相提并论"[11]。具有讽刺意味的是有一个英国歌舞剧的名字就叫"请莫言真实，我们是经济学家"[12]。自然科学的方法可以应用到社会科学，前提是须重视其本体论，方法才会有好的效果，而西方主流经济学恰恰忽视了这一点。也是在此意义上，奥地利学派反对自然科学方法在社会科学中的运用，如哈耶克所指的唯科学主义就是指社会科学对自然科学方法和语言（尤其是物理学和数学）奴性十足的模仿。事实上经济学数学化也没有真正解决现实经济问题，在解释、预测、控制复杂的经济系统运行方面束手无策。20世纪70年代，面对西方国家普遍的滞胀问题，主流经济学家运用一系列数学公式开出药方，但是"由于经济学的药方和公式不但没能解除疾病，反而似乎加剧了病情，政治家们和公众都已变得不耐烦了"[13]。新制度经济学家罗纳德·科斯于1991年、道格拉斯·诺思于1993年、奥利弗·E.威廉姆森于2009年相继荣膺诺贝尔经济学奖，一个重要因素就是他们开启的经济学研究的现实倾向。黛尔德拉·迈克洛斯基批评道："黑板经济学和统计显著性，使经济领域自20世纪40年代已经变傻了，乃至让人不可能指望它会创造出什么科学的东西来，除非它扔掉这两件道具。我们应该关心真实世界及有趣的经济问题"。[14]

三、 经济学数学化的尺度

（一） 数学是好的"仆人"，但非"主人"

经济学数学化迄今依然没能成功地回答和解决遗留下来的疑问和难题，数学的优势以及数学大规模运用依然不足以消解经济学学科属性上的困惑。数学对于经济学是手段，而非目的，是好的"仆人"，但不是"主人"。"经济学的健康发展最终将要求在'经济学家'和'数学家'之间划出一道明显的界限。"[15]2000年6月，法国的一些经济学专业学生发起的后我向思维经济学运动所反对的主要一点就是，经济学在无控制地使用数学，数学本身已成为一种目的。[16]对经济学的全面数学化，一些经济学大师，如弗里德曼、科斯、阿尔钦、张五常等曾提出质疑。马歇尔在他的《经济学原理》一书中把数学公式和图表大都放在脚注和附录里，目的是"以免数学损害他的经济学"[17]。马歇尔的数学训练使他比杰文斯和瓦尔拉斯站得更高，但他对于数学在经济学中的运用始终持谨慎态度。同样作为边际革命的发起人之一的卡尔·门格尔建立的奥地利学派经济学家也是一直坚持数学方法对于理解经济现象并无真正价值。埃思里奇这样评论："我赞成在经济研究中运用数量方法。但是我们必须谨慎地使用这些方法，甚至保持一定程度上的犬儒主义或某种怀疑态度。经验式的数量研究并不必然比描述或解释研究更为深奥或有用。"[18]

（二）坚持经济分析方法的多元化

面对纷繁经济生活中的问题，如不平等、失业、全球化、金融市场定位等，涉及太多的不确定性，事实上我们需要多元化的方法。我们不排斥数学在经济学中的应用，但反对将数学作为经济学的目标和数学在经济学中的泛滥。事实上作为对数学化方法的反冲，经济学中也出现了"散文化的趋向"[19]，即在经济研究中不追求理论的形式化和数学化以及理论的逻辑结构，不强调严格的论证，而只看重思想的火花而采用自然语言的倾向。黛尔德拉·迈克洛斯基认为散文化不需要数学推理，可以摆脱虚构的假设，在研究中开阔思路。数学形式化和散文化都在为真实世界建构模型，各有千秋。早在1992年包括四名诺贝尔经济学奖得主的44位经济学家在《美国经济评论》发表请愿书，内容是关于建立多元化的、严谨的经济学，呼吁在经济学中形成新的多元化精神，包括不同方法之间的对话和彼此宽容的交流。鲍摩尔曾说过："经济学方法中没有点金石——没有任何一种方法是绝对成功或者有效到能取代所有其他方法。"[20]数学是局部分析方法，同其他方法相结合才能构成完整的观点，经济学的持续进步离不开对数学之外的其他方法的兼收并蓄。

（三）让经济学回归经济学本身

就严格的数学表达而言，经济学才被称作社会科学的皇后。但托马斯·卡莱尔认为皇后已经是"一门沉闷的科学"[21]。如何让"沉闷的皇后"生机勃勃？经济学是研究人的学科，不仅具备科学形态，更具有其人文特质。[22]托马斯·迈尔认为经济学中的真实和精确是不可兼得的，两者之间存在某种权衡。[23]

我国自古理解经济学就是"经世济民"之学，"民惟邦本，本固邦宁"，首先研究的是现实世界中人的问题。因此，经济学家应把视角投向"人"，这也是经济学的应有之义。事实上很多经济学家对这一点有深刻认识：萧伯纳眼中经济学应是一门"使人幸福的科学"；萨缪尔森认为经济学介于科学与人文之间；布坎南认为经济学介于预测科学和道德哲学之间；盛洪在《经济学精神》中特别强调："在最高境界中，经济学不是一堆结论，不是一组数学公式，也不是一种逻辑，而是一种信仰、一种文化、一种精神。"[24]

作者简介：

刘树君，南开大学哲学系。

参考文献

[1]［英］R. D. C. 布莱克，A. W. 科茨等．（1987）．经济学的边际革命——说明和评价（于树生译）．北京：商务印书馆．

[2]［英］詹姆斯·M. 亨德森，理查德·E. 匡特．（1988）．数学在西方经济学中的历史应用（苏通译）．北京：北京大学出版社．

[3]［4]［美］亨利·威廉·斯皮格尔．（1999）．经济思想的成长（晏智杰等译）．北京：中国社会科学出版社．

[5]［12]［荷］乌斯卡里·迈凯．（2006）．经济学中的事实与虚构——模型、实在论与社会建构（李井奎译）．上海：上海人民出版社．

[6] George J. Stigler, Stephen M. , & Claire Friedland. （1995）. The journals of economics. Journal of Political Economy，103（2）：331－359.

[7]［英］谢拉·C. 道．（2005）．经济学方法论（杨培雷译）．上海：上海财经大学出版社．

[8] Hesse，Mary B.（1955）. Science and the Human Imagination. New York：Philosophical Library：88.

[9]［奥］L. 贝塔郎菲．（1987）．一般系统论（秋同译）．北京：社会科学文献出版社．

[10] Coase.（1993）. The Nature of the Firm：Origins，Evolution and Development. New York：Oxford University Press：229.

［11］Heibroner, Robert and William Milberg. （1995）. The Crisis of Vision in Modern Economic Thought. Cambridge：Cambridge University Press：4.

［13］［美］阿尔弗雷德·S. 艾克纳. （1990）. 经济学为什么还不是一门科学（苏通等译）. 北京：北京大学出版社.

［14］［19］［美］黛尔德拉·迈克洛斯基. （2000）. 经济学的花言巧语（石磊译）. 北京：经济科学出版社.

［15］［17］［美］小罗伯特·B. 埃克伦德，罗伯特·F. 赫伯特. （2001）. 经济理论和方法史（杨玉生译）. 北京：中国人民大学出版社.

［16］［英］爱德华·富布鲁克. （2004）. 经济学的危机（贾根良译）. 北京：高等教育出版社.

［18］［美］唐·埃思里奇. （1998）. 应用经济学研究方法论（朱钢译）. 北京：经济科学出版社.

［20］Baumol, W. J. （1991）. Toward a newer economics：The future lies ahead. Economic Journal, 101 （4）：1 - 8.

［21］Levy, David M. （2010）. How the dismail science got its name：Debating racial quackery. Journal of the History of Economic Thought，（23）：5 - 35.

［22］朱成全. （2004）. 经济学：科学精神与人文精神的统一. 自然辩证法研究，（9）：97 - 99.

［23］Mayer Thomas. （1993）. Truth Versus Precision in Economics. Cheltenham：Edward Elgar.

［24］盛洪. （1999）. 经济学精神. 广州：广东经济出版社.

（①原文刊发于《经济与管理》2010 年第 2 期。②参考引用：刘树君. （2010）. 经济学的现代主义贫困——经济学数学化的哲学思考. 经济与管理，24 （2）：74 - 77.）

经济学应该"数学化"吗?

尹世杰

近年来，在国外、在我国，经济学"数学化"的论调颇为流行，有的在会上提倡，有的撰写论文，有的还出版专著，有些人甚至认为，这"代表一种趋势"。我认为，这个问题值得进一步研究。在这里，我提出一些初步意见，以供探讨。

一、 从经济学的本质谈起

我国自古以来，一直认为"经济"是"经世济民"，特别重视"民"的作用："民惟邦本，本固邦宁。"（《古文商书·五子之歌》）这就是说，在经济、社会发展过程中，要以人为本，"本固"才能"邦宁"，才能使国家安宁。用今天的话来说，就是要和谐、协调，构建"和谐社会"。这就说明，经济学应该是"经世济民"之学，应该是研究"人"的科学，研究经济、社会发展过程中，如何体现并实现以人为本的科学。

谈到以人为本，就牵涉到人的本质是什么的问题。马克思早就指出："人的本质不是单个人所固有的抽象物。在其现实性上，它是一切社会关系的总和。"[1] "人的本质是人的真正的社会联系，所以人在积极实现自己本质的过程中创造、生产人的社会联系、社会本质。而社会本质不是一种同单个人相对立的抽象的一般的力量，而是每一个单

234

个人的本质,是他自己的活动,他自己的生活,他自己的享受,他自己的财富。"[2]这种"社会联系""社会本质",特别是"一切社会关系的总和",是极其复杂的。在当代,人与人、人与社会各方面的关系,经济、社会本身发展的各方面的关系,更是错综复杂。

多年来,我一直强调:经济学要加强对人的研究,要"着重研究人,研究人的全面发展,社会全面进步"[3]。而研究以人为本,又要强调:"要使人与大自然、人与人之间,各方面协调发展,体现真、善、美的统一";"研究如何全面提高人的素质,充分发挥人的才能";"不仅使人的物质需要不断得到满足,精神生活要更加充实,从而使人的本质力量不断发展和提升";"使个人发展与社会发展和谐、协调,实现马克思所说的'自由个性'"。[4]在研究人的过程中,必然牵涉到物,牵涉到生产关系,牵涉到社会、经济发展过程中各种错综复杂的关系。经济学必须研究这些极其错综复杂的关系,和谐协调,促进人的全面发展、社会经济协调发展、社会文明和社会全面进步。

因此,经济学是内容极其丰富而又错综复杂的学科,经济学的研究,必须对这些错综复杂的关系做全面的、深入的探索,揭示社会经济发展的趋势和规律。这就必须深入实际进行调查研究,在掌握大量实际材料的基础上,定性分析与定量分析相结合,绝不是单纯用一些数学公式所能解决的。经济学可以而且应该运用一些数学方法(这点我们在下面还要说明),但绝不能"数学化",这是我们首先应该强调的。

二、 经济学应该合理运用数学分析的方法

我们一直认为:经济学可以而且应该利用数学分析的方法。20年前,我们谈到消费经济学的研究提出:"正确地运用数学方法……对于更好地把握再生产过程中消费关系发展的规律性,……是十分必要的"。[5]以后在谈到经济学的研究方法时,还多次强调:"必须加强实

证分析和定量分析，必须运用数学工具进行具体的实证分析（但必须反对数学游戏）。"[6] "我一直认为，经济学可以而且应该运用数量分析的方法，以便更好地阐明相关问题量的规定性，揭示其发展趋势和内在规律。"[7] 过去很多著名经济学家都运用过数学分析的方法，马克思在《资本论》中就经常运用数学公式，分析资本主义经济的实质，使定量分析与定性分析紧密结合。英国古典经济学奠基人威廉·配第写的《政治算术》，就是用数学方法分析经济生活，分析经济现象的内在联系。法国著名经济学家魁奈的《经济表》，就是运用数学方法来分析社会再生产的内在联系。英国著名经济学家亚当·斯密、李嘉图，也都运用了数学方法。这些例子很多。

到了 20 世纪下半叶以后，经济学家运用数学分析方法的就更多了。自 1969 年以来，获得诺贝尔经济学奖的，很多是精通数学的甚至是著名的数学家。例如 1969 年获得首届诺贝尔经济学奖的拉格纳·弗里希和简·丁伯根，都是计量经济学的奠基人，都是将数学方法运用于经济研究，并率先做出计量经济模型，获得了良好的效果。1994 年获诺贝尔经济学奖的约翰·豪尔绍尼、约翰·纳什和莱因哈德·泽尔滕等，都是博弈论的先驱，用数学方法进行均衡分析（如"纳什均衡"），发展了博弈理论，在经济分析方面做出了杰出的贡献。1995 年获诺贝尔经济学奖的卢卡斯，发展和应用了理性预期假说，建立了新的宏观经济模型，加深了对经济政策的理解。2000 年获诺贝尔经济学奖的詹姆斯·赫克曼和丹尼尔·麦克法登，对微观经济计量学做出了杰出贡献，创立了分析选择性样本的理论和方法，创立了分析离散选择的理论和方法。像这种例子还有很多，说明运用数学方法来分析经济问题很有作用。

三、 经济学绝不能 "数学化"

经济学可以而且应该运用数学这个重要的工具，来分析经济问题，但绝不能也不应该"数学化","化"掉经济学这门极其重要的学科。马克思是精通数学的,也合理运用了一些数学分析的方法(如我们前面说过的)。但主要采取辩证的方法、定性分析的方法,正如他自己说的:"分析经济形式,既不能用显微镜,也不能用化学试剂。二者都必须用抽象力来代替。"这样就能"揭示现代社会的经济运动规律"[8]。社会经济运动规律,极其错综复杂,有些情况还经常变化。必须用"抽象力"进行定性分析,绝不是"纯数学"所能解决的。恩格斯在《自然辩证法》中批判"纯数学"时指出:"所谓纯数学……在分析中所运用的方式和方法就显得完全不可理解的、同一切经验和一切理智相矛盾的东西了……他们忘记了:全部所谓纯数学都是研究抽象的,它的一切数量严格说来都是想象的数量。一切抽象在推到极端时都变成荒谬或走向自己的反面。数学的无限是从现实中借来的,尽管不是自觉地借来的,所以它不能从它自身、从数学的抽象来说明,而只能从现实来说明。"[9]

事实上,多年来很多著名经济学家,尽管他们精通数学,还是反对滥用数学公式、模型。如英国著名经济学家约瑟夫·A.熊彼特,他是国际计量经济学会首任会长,应该说是精通数学的,但在《经济发展理论》这些名著中,他就很少用数学公式,而在《经济分析史》这部名著中,他对李嘉图将高度抽象的模型运用于错综复杂的经济现象,斥之为"李嘉图恶习"("李嘉图怪癖")。诺贝尔奖得主、美国著名经济学家罗纳·科斯也批评了数学在经济学中的滥用,使经济分析变成一种数学游戏。法国著名经济学家让·巴蒂斯特·萨伊也反对滥用数学方法来解决经济学的问题,提出:"如果认为,通过使用数学来解决这一门科学上的问题,就会使这一门科学的研究弄得更正确或使这一门科学的研究有更可靠的指导,那是没有根据的。"[10]就在前几年,美国斯坦福大学教授、诺贝尔经济学奖获得者肯尼思·阿罗于2000年在回答美国《挑战》杂志记者的采访时说:"我现在也不认为单纯的数学分析可以取得良好的结果,我曾想需要一些哲学基础。"[11]

还有很多经济学家精通数学，也运用过一些数学分析方法，但都反对滥用数学方法。如著名经济学家凯恩斯研究消费倾向、工资理论等问题时，就用了不少数学公式，但他也批评了"将经济学分析体系形式化了的符号的伪数学方法"，认为"在令人自命不凡但是无所助益的符号的迷宫里，作者会丧失对于真实世界中的复杂性和相互依赖的洞察力"[12]。美国著名经济学家、1973 年诺贝尔经济学奖获得者 W. 里昂惕夫首创投入产出分析法，运用了大量的数学公式，但他也反对滥用数学的倾向，认为"这是一种令人反感的现象"，"这样做实在也不能令人满意，而且对事物的阐明还有点不诚实"。[13]持上述观点的人数还很多。2000 年 7 月，法国一批经济学学生和教授发起了一场"经济学改革国际运动"，反对脱离现实的日益数学化形式的新古典经济学，强烈呼吁改革以下流行状态：①没有控制地使用数学，数学成为自身的目的而不是工具；②经济学成为虚构的世界，理论与现实已经脱节；③新古典经济学在数学中的霸权主义，排斥或禁止批判性思考。这场运动不仅在法国，而且在英国、美国等许多西方国家引起了极大的反响。[14]

我国也有不少学者反对"数学化"的偏向，如有的提出：经济学的这种过分形式化和为了数学上的便利而过多地引入数学假设的做法，使研究者本身迷失方向，不知道如何去解释数学推导的结果。有的认为，经济理论的创新不会来自经济数学的应用，主要在于深入分析社会经济发展的实际，得出科学的结论。有的甚至认为：经济学"数学化"倾向，数学泛滥现象，"的确令人心忧"。有的提出：简单的问题，有些人却故意用一大串的数学公式推导，故弄玄虚，以致出现"玄学"。我们应该看到，经济学毕竟不是自然科学，社会不等于实验室，经济、社会关系太复杂了，不确定因素太多了，很多情况不可能用数学公式来说明，经济学绝不应该"数学化"。

但是，我国近年来，还有些人强调经济学"数学"，甚至出版专著。有人出版专著"绪论"的标题，就是"数学化：中国经济学现代化的必由之路"，提出："数学化促使经济学成为一门真正的科学"，

"经济学数学化的过程，就是经济学新老范式的转换过程，是中国经济学科学化和现代化的过程"，并认为："中国经济学从来都是'舶来品'。从客观条件来看，中国至今尚未形成能够孕育和产生经济学的市场经济土壤"，"我们应该努力倡导经济学的数学化，用以改变我国经济理论工作者的研究方式和思维方式"，"就是要在改造传统经济学上下功夫"。"当新范式占据了统治地位的时候，……传统经济学也脱胎换骨地改变了今天的面貌。"[15]这些说法是极其片面的：第一，经济学千百年来早已成为独立学科，早已成为一门"真正的学科"，而且是内容极丰富，对经济、社会发展极为重要的学科，绝不能用数学方法把经济学"化"掉。第二，经济学的现代化，需要随着社会经济的发展，不断研究新情况、新问题，总结新的经验，提出解决问题的新的方针、政策、措施，而不是用数学方法能解决的。如我国当前，党中央提出科学发展观，就大大有利于促进经济学的现代化。第三，我国经济学研究，需要不断开拓创新，经济学的"范式"，也需要在某些方面进行"转换"，但也不需要"脱胎换骨"的改造，不需要"脱胎换骨"地"改变我国经济理论工作者的研究方式和思维方式"。至于说"中国至今尚未形成能够孕育和产生经济学的市场经济土壤"，这就不仅是对经济学这门一级学科及其若干子学科的否定，对千千万万从事经济学研究的科学工作者多少年来辛勤劳动的否定，也是对我国社会主义市场经济健康发展的否定。因此，那些说法是很片面、很不应该的。

经济学绝不能"数学化"，我们简略地从以下几个方面作些说明：

（1）从经济学的研究对象来说：我们在前面已经说过，经济学要着重研究人，研究人的全面发展。但人不是孤立的个人，而是马克思所说的"自由人联合"，"在那里，每个人的自由发展是一切人的自由发展的条件"[16]。马克思还批判了费尔巴哈的"停留在抽象的'人'上"，强调要"去理解真正的人"："我们的出发点是从事实际活动的人，而且从他们的现实生活过程中我们还可以揭示这一生活过程在意识形态上的反射和回声的发展。甚至人们头脑中模糊的东西，也是他们可以通过经验来确定的、与物质前提相联系的物质生活过程的必然升华物"。[17] 既然每个人要"自由发展",而每个人又各有不同的意志、心理、爱好,而这些又受各种客观因素的影响,经常变化。用数学公式能"从他们的现实生活过程中"去"揭示这一生活过程在意识形态上的反射和回声的发展"吗?能确定"物质生活过程的必然升华物"吗?人的社会、经济以及各种生活活动,受各方面的影响,错综复杂,都能用数学公式说明或测定吗?数学作为分析工具,很难揭示人本身的活动规律。例如,不同消费者因年龄、性别、价值观、个人爱好以及收入水平等不同而导致不同的购买行为,能通过数学方法揭示这些错综复杂的关系吗?经济学必须研究人,但如何体现人的本质,如何在各种复杂的社会经济关系中体现以人为本,能完全用数学公式来解决吗?

(2)从经济学研究的主要内容来说:经济学需要研究社会经济各方面的关系,分析它的发展变化在不同的经济体制,不同的时间、地点等条件下,社会经济关系更是错综复杂,而且经常变化。虽然不能说"变化莫测",但至少可以说"变化难测"。马克思在谈到生产要素时,早就提出:"……两个生产要素:自然和人,而后者还包括他的肉体活动和精神活动","……合理制度下,精神要素就会列入生产要素,并且会在政治经济学的生产费用项目中找到自己的地位"。[18] 这些经常变化的"精神活动""精神要素",都能用数学方法来说明吗?我们在前面已经说过:经济学是内容极其丰富而又错综复杂的学科,特别是当代,生产、分配、交换、消费各个领域,受各种因素的影响,更是错综复杂,新情况、新问题不断涌现,经济学研究这些极其复杂的问题,都能用数学方法来解决吗?能"数学化"吗?经济学研究极其错综复杂的经济问题,如果搞"数学化",像恩格斯批判"纯数学"的那样情况:"都是想象的数量","都是研究抽象的",会把经济学引向何方?不是"会走向自己的反面"吗?不是会把经济学这门极其重要的学科"化"掉吗?

(3)从经济学的应用来说:经济学应该研究经济体制、经济运行机制，研究新情况、新问题，总结新经验，提出科学的对策。既要研究"看不见的手"，又要研究"看得见的手"。而这两只手又是经常变化的，不仅要考虑不同时间、地点的不同情况，而且要考虑社会、经济的发展趋势；不仅要考虑国内的情况，而且要分析国外的情况。研究这些极其复杂的关系，都能用数学方法去解决，提出科学的对策吗？例如，当前我国，党中央提出科学发展观，经济学当然要研究如何落实科学发展观，要研究如何体现并落实以人为本，如何"树立全面、协调、可持续发展观，促进经济社会和人的全面发展"，就要研究如何坚持"统筹城乡发展、统筹区域发展、统筹经济社会发展、统筹人与自然和谐发展、统筹国内发展和对外开放的要求"。研究这些问题，都能用数学方法加以解决吗？"五个统筹"，数学方法能"筹"得了吗？当前我国正在构建社会主义和谐社会，这又牵涉到方方面面极其错综复杂的关系，经济学就要研究：如何处理好这些错综复杂的关系，和谐协调，促进社会主义和谐社会的构建。研究这些问题，都能用数学公式加以解决吗？数学方法能得到"和谐"的效果吗？

（4）还应该看到，经济文化一体化，是当代社会发展的大趋势。经济、社会的发展，牵涉到许多文化因素，牵涉到许多文化问题。而文化问题，又受很多因素的影响，不断发展、变化。经济学就要研究：如何促进经济文化一体化，如何在经济社会发展过程，不断提高文化含量，特别是提高精神文化的含量，包括经济社会发展的主体（人）、客体（物）、环境（生态环境、社会环境）都要提高精神文化的含量，实现马克思所说的"向我们放射出崇高的精神之光""……按美的规律来建造"[19]，使人得到美的享受、精神的享受。这些文化因素，这些"美的规律"，这些"崇高的精神之光"，能用数学方法体现出来吗？文化是发展的摇篮，是一个民族的灵魂。恩格斯早就说过："文化上的每一进步，都是迈向自由的一步。"[20]当代经济学的研究，可以回避这些相关的文化问题吗？我以前还认为，人是有理智的动物，人不能说是"经济人"，而应该是用先进文化武装的"文化人"，提出：人的塑造，特别是"文化人"的塑造，是发展社会主义市场经济的基础工程。我国当前正处在全面建设小康社会的新的发展阶段，更应塑造"完整的人"，塑造全面发展的"文化人"。[21]当代经济学当然应该研究"文化人"，研究"文化人"在社会、经济活动中如何丰富文化内涵，体现高层次的文化特色，促进社会经济、文化的发展，促进社会文明和社会全面进步。研究这些深层次的问题，单纯用数学方法能解决得了吗？"数学化"能"化"得了吗？

四、 如何进一步促进经济学的现代化、 科学化

近年来，我国一些人鼓吹经济学的"数学化"，已出现一些偏向甚至不良影响。有些人在论文、专著，满纸数学公式、模型，以示渊博；有的把模型作"装点"，故弄玄虚；有的本来用几句话可以说清楚，却用了很多公式，喧宾夺主。对这些偏向，有不少人已提出批评，如有的已批评了经济学方法论的"数学迷信"："在'数学化'的背景下，中国的经济学界有两类伪学者越来越多：一类是明知自己作的是伪学问，但仍要作，自欺欺人；另一类是明知自己作的是伪学问，以其昏昏，使人昭昭，却自得其乐。两类均属伪学者，不过，前者近于'无心'，后者近于'愚昧'。"[22]这些批评虽然有些过火，但至少可以说：经济学"数学化"的现象已造成一些不良影响。如有些人就把是否有数学公式、数学模型来定经济学研究的质量，有的经济学学术刊物，以是否"数学化"来定稿件的取舍，这些不良倾向、不良影响，应及早消除。

如何加强经济学的研究，进一步促进经济学的现代化、科学化？我们认为，要强调以下几点：

（1）要坚持定性分析与定量分析相结合。搞定量分析，也必须以定性分析为基础，不能舍本求末，本末倒置，更不能搞数字游戏、滥用数学。要树立良好的学风，刻苦钻研，勤奋探索，不要急于求成，更不要哗众取宠。真正有学术价值的东西，应该是马克思自己说的：

"我的见解……却是多年诚实探讨的结果。"[23] 正如恩格斯所说的："这个人的全部理论是他毕生研究英国经济史和经济状况的结果。"[24] 也应该像马克思在《资本论》法文版序言中所说："在科学上没有平坦的大道，只有不畏劳苦沿着陡峭山路攀登的人，才有希望达到光辉的顶点。"[25] 我们研究经济学的同人，"希望达到光辉的顶点"，就要"不畏劳苦"，勤奋钻研，"沿着陡峭山路"去攀登。

（2）要从实际出发，充分占有材料。正如马克思所说的："研究必须充分地占有材料，分析它的各种发展形式，探索这些形式的内在联系。"[26] 我们要从理论与实践的结合上，研究新情况、新问题，在掌握大量材料的基础上进行理论概括，得出新的结论，这才是我们研究经济学的正确方向。美国著名经济学家加里·S.贝克尔将数学分析方法运用于研究人力资本，提出了人力资本的模型和公式，但他的主要贡献，在于个人选择性原则开拓了经济研究的视野，在经济学与社会学之间架起了桥梁。他虽然有深厚的数理基础，但并不依靠复杂的数学公式来炫耀自己，而是依靠科学的理性选择分析来赢得崇高的声誉。

（3）要开拓新的研究领域，注意新的理论生长点，加强学科创新。恩格斯早就指出："我们的理论是发展的理论。"[27] 我们现在正进入全面建设小康社会、加快推进社会主义现代化的新的发展阶段，正是落实科学发展观构建社会主义和谐社会的关键时期。而这些重大问题，与经济学有极密切的联系。当前正是经济学大发展的"黄金时代"。我们要抓住机遇，深入研究当前与经济学密切相关的实际问题，总结经验，上升为理论，促进经济学学科的开拓创新。

（4）要加强学术交流。学术交流是促进学术繁荣的一个重要途径。但学术交流必须是高质量的，起到取长补短共同发展的作用。交流不能"滥流""随波逐流"，影响学术研究质量。有条件的，也可适当搞国际学术交流，了解国外经济学科的新情况、新问题、新的趋势。无论在理论方面还是研究方法方面，适当吸收对我们有用的东西，丰富我们经济学研究的内容。

作者简介：

尹世杰（1922.9—2013.1），曾任湖南师范大学消费经济研究所教授、湖南师范大学商学院教授。首届孙冶方经济科学奖获得者。

参考文献

［1］［德］马克思，恩格斯．（1972）．马克思恩格斯选集（第一卷）．北京：人民出版社：18.

［2］［德］马克思，恩格斯．（1979）．马克思恩格斯全集（第四十二卷）．北京：人民出版社：24.

［3］尹世杰．（1996）．当代经济学应加强对人的研究．经济学动态，（8）：4-9.

［4］［21］尹世杰．（2004）．再论当代经济学应加强对人的研究．经济学动态，（7）：18-22.

［5］尹世杰．（1983）．社会主义消费经济学．上海：上海人民出版社：26.

［6］尹世杰．（1999）．从知识经济看经济学的研究对象和方法．经济学家，（2）：66-69.

［7］尹世杰．（2004）．经世济民以人为本．光明日报，02-10.

［8］［德］马克思．（1975）．资本论（第一卷）．北京：人民出版社：8，11.

［9］［德］马克思，恩格斯．（1972）．马克思恩格斯选集（第三卷）．北京：人民出版社：569.

［10］［法］萨伊．（1963）．政治经济学概论（陈福生，陈振骅译）．北京：商务印书馆：26.

［11］参见《国外社会科学》2000年第5期。

［12］［美］亨利·威廉·斯皮格尔．（1999）．经济思想的成长（下册）（晏智杰等译）．北京：中国社会科学出版社：569.

[13] [俄] W. 里昂惕夫. （1991）. 经济学论文集——理论、事实与政策（陈冰，解书森译）. 北京：北京经济学院出版社：25.

[14] 贾根良（2003）. 国外出现了 "经济学改革国际运动". 经济研究资料，（4）：55-56.

[15] 程祖瑞. （2003）. 经济学数学化导论. 北京：中国社会科学出版社：1，36，16，18.

[16] [17] [德] 马克思，恩格斯. （1972）. 马克思恩格斯选集（第一卷）. 北京：人民出版社：273，50，30-31.

[18] [德] 马克思，恩格斯. （1956）. 马克思恩格斯全集（第一卷）. 北京：人民出版社：607.

[19] [德] 马克思，恩格斯. （1979）. 马克思恩格斯全集（第四十二卷）. 北京：人民出版社：97，140.

[20] [德] 马克思，恩格斯. （1972）. 马克思恩格斯选集（第三卷）. 北京：人民出版社：154.

[22] 赵磊（2003）. 我国主流经济学的三大迷信. 财贸经济，（10）：78-81.

[23] [德] 马克思，恩格斯. （1956）. 马克思恩格斯选集（第二卷）. 北京：人民出版社：85.

[24] [25] [德] 马克思. （1975）. 资本论（第一卷英文版序言）. 北京：人民出版社：37，26.

[26] [德] 马克思. （1975）. 资本论（第一卷）. 北京：人民出版社：23.

[27] [德] 马克思，恩格斯（1975）. 马克思恩格斯选集（第四卷）. 北京：人民出版社：460.

（①原文刊发于《经济学动态》2005 年第 7 期。②参考引用：尹世杰. （2005）. 经济学应该 "数学化" 吗. 经济学动态，（7）：36-40. ）

当代经济学研究方法过度
数学化的反思与纠偏[*]

石华军　楚尔鸣

经济学研究方法数学化成为经济学研究主流方法，但是，现实研究中存在着过度数学化的问题。经济学是一门社会科学，既具有科学特质又具有人文特质；经济学研究方法应该是科学研究方法与人文研究方法的结合。学习经济史学研究的方法，借鉴马克思主义经济研究方法，多种学科知识与经济学研究相结合，有利于解决这种问题。

经济学研究方法的数学化是有益于促进经济学科学化的一种有效手段，但是在现实研究中过度数学化、夸大数量分析作用的倾向却值得注意。为了追求数学意义上的严格和精确，西方经济学忽略了自身的人文属性，放弃了对经济运行规律的理解，经济学研究运用数学不是手段反而成为了目的。正如恩格斯（1972）曾经指出：单靠数学演绎就确定一个论断为真理的事，这种情况几乎从来没有，或只是在非常简单的运算中才有。经济分析中对数学的这种不顾实际条件地加以滥用，使经济学逐渐脱离现实世界中复杂的历史、政治、伦理、文化等人文因素，在"科学主义"道路上越走越远。难怪哈耶克指出，西

---

　　*　基金项目：湖南工业大学校级教改课题"基于 5I 课程观的西方经济学教学改革研究"（2013C28）阶段性成果，学位与研究生教育改革课题"地方高校 MBA 案例库本土化建设研究"阶段性成果。

方经济学中很大一部分是"科学主义"①，而不是科学（柯兰德、布兰纳，1992）。

一、 经济学研究方法过度数学化的表现

（1）从经济学奖获奖情况的角度看。诺贝尔经济学奖作为世界经济学研究的最高水平，也代表着世界经济学研究的风向标，自1969年诺贝尔经济学奖颁奖以来，截至2012年共颁发了44届，产生了71位获奖者。根据获奖者的学历分析，拥有数理学习背景的获奖者达44人，占62.0%。从经济研究中运用数学能力的强弱角度看，获奖者运用数学能力强或很强的有59人，占83%；数学运用能力弱的或根本不用数学的有5人，占7%。②绝大多数获奖者都借助高深的数学知识来阐述其经济理论，科斯是唯一没有用数学的诺贝尔经济学获奖者。但是，其创立的产权与制度经济学理论的后续研究者却开始转而开始大量使用数学，最终也没有逃脱数学化的窠臼。

（2）从专业经济学杂志刊登学术论文看。例如，在西方经济学研究的大本营——美国，通过经济学学位论文、发表学术论文、评价学术会议论文等，最重要的参考标准之一就是是否有数学模型。在国内，有计量分析、有"漂亮"的数学模型的学术文章容易发表似乎是一个人所共知的"潜规则"。在国内一家权威的经济学刊物上，近年来所发表的几乎所有的文章多少都有数学模型，而且如果读者不具备高等数学的功夫，就无法读懂这些论文，连杂志社内部的许多研究人员都常常"望文兴叹"，这实在是对数学的误用和滥用。据统计，我国经济学研究的某代表刊物在1992年以前，发表论文以文字演绎为主，此后属于广义数量经济学论文的比重持续上升，到2003年已经超过了85%以

---

① 科学主义指一门学科虽然在表面上使用了科学的研究方法，却未能得到科学的结果，从而使该学科貌似成为科学，而在事实上不是。

② 根据互联网公布数据统计得出。

上。[①] 而国外经济学期刊的这种趋势则历史更长、持续更久。以美国经济学学术性期刊《美国经济评论》为例，从 1972 年到 1976 年 12 月期间所有发表的论文中，有数学公式的论文占总数的 78.8%；而 1977 年到 1981 年 12 月这组数字则变为 88.4%，这种上升趋势到 20 世纪末 21 世纪初更加明显，广义数量经济学论文比重高达 90%。[②]

从西方主流经济学训练的角度看。在美国，人们学习经济学，掌握数学知识是基本功，学习经济学而不懂数学语言，被认为是不合格的。美国大学经济学专业明确要求学生掌握运用数学工具进行经济学研究的能力。如斯坦福大学致力于使学生掌握数学这个经济分析的基本工具，学会描述、思考和分析经济问题、政策。美国经济学教师要求学生所应具有的最低程度的数学知识水平是学生必须掌握线性代数和微积分知识，这些一般是强制性规定。美国逐步成为经济学数学化的策源地。

二、 经济学研究方法过度数学化的逻辑

（一）理论的逻辑

首先，数学分析工具可以清楚、简明地将经济研究过程表述出来，严密的逻辑推理避免了谬误和漏洞，减少了争论。其次，利用数学工具可以发现掩藏在事物中、不易察觉的潜在相关性；同时，数量化的证据可以使实证研究体现系统性和普遍的意义。当然，也可以从数据中尽可能地发现有价值的信息，使分析深入地揭示事物的本质属性和发展规律（田国强，2005）。

经济学研究的对象之一是人与人之间的"物的交换"关系，数学

---

① 根据成九雁、秦建华《计量经济学在中国发展的轨迹——对〈经济研究〉1979—2004 年刊载论文的统计分析》（《经济研究》2005 年第 4 期）文中资料整理计算得出。

② 根据［美］阿尔费雷德·S. 艾克纳主编的《经济学为什么还不是一门科学》（苏通等译，北京大学出版社 1990 年版）中的资料整理计算得出。

方法在揭示这一关系方面，具有得天独厚的优势。在经济学的基本范畴中，如价格、供给、需求等可以数量化；在经典"理性人"假设的前提下，在解决如消费者效用最大化、企业利润最大化、政府自身利益最大化这些问题时，就可以转化为数学中关于极值和最大值的计算问题。总之，经济学的某些特点存在着运用数学方法的客观基础。数学模型不仅简化了复杂的经济分析，而且充分保证了分析结论的可靠性，研究方法的"数学化"似乎成为现代经济学发展的一种趋势。

（二）历史的逻辑

19 世纪 70 年代，瓦尔拉斯和杰文斯创立的数理经济学派，使经济学研究方式开始以"科学形式"表现出来。以科学哲学为指导，形式上的数学，逻辑上的推导，语言的精确性，完全不同于传统的社会科学研究方法（贾根良和徐尚，2005）。此后，现代数学的发展与经济研究的发展息息相关，如爱立克·伦德伯教授指出，经济学研究的方法论基础在很大程度上可以归纳为数学工具的合理应用……于是，研究方法的"数学化"逐步发展成为经济学研究的趋势，表现在：一是统计学在经济学中的广泛运用。20 世纪开始，统计学在经济学中的广泛运用使计量经济学逐步发展起来。弗里德曼的《美国货币史》通过数据统计分析，开创了货币主义学派，成为货币数量学的重要补充。二是计量经济学的崛起。克莱因运用计量经济学理论，首先提出宏观经济计量模型，开拓了宏观经济研究的新视角。在微观经济研究方面，贝克尔首先将经济计量原则引入如慈善、宗教、爱情、婚姻等领域，并取得了巨大的成功。三是博弈论的引入。博弈论通过数学手段研究人们的日常行为规律，这种全新的研究方法在 20 世纪 80 年代迅速成为主流经济学的重要组成部分。从 1994 年诺贝尔经济学奖首次授予博弈论经济学家开始，至今共有 14 位以上经济学家因运用博弈论在经济学领域取得成功，获得诺贝尔经济学奖。事实上，博弈论研究几乎覆盖了整个微观经济学的研究领域。四是经济学向其他社会科学的渗透。比较典型的例子是新经济史学中的计量经济史学（Econometric Histo-

ry）。传统的经济史学研究停留在文字传统上没有什么新进展。计量经济史学以新古典经济理论为基础，依靠历史统计资料，特别是采用计量经济分析方法来诠释和研究经济发展历史，颠覆了经济发展史的传统研究方法，改变了传统的许多观点。Conrad 和 Meryen（1958）采用规范的经济学理论和统计计量的方法，分析美国南部诸州的奴隶主在19 世纪上半叶买卖奴隶的行为，结论是奴隶制在美国南部是盈利的。这与 Fogel 和 Engerman（1974）的某些结论不谋而合。诺思和福格尔等在经济史分析中创造性地运用计量技术，不仅开拓了数理经济史学的新局面，而且拓展了经济学的研究领域。

（三）现实的逻辑

在发达市场经济国家里，经济学研究存在着一种"供求矛盾"——从事经济研究的人很多。据说美国各行各业中的经济学家有 5 万多人，仅在大学中从事经济学教育的就有 1 万多人；但是可供研究的新的经济对象较少。由于经济社会发展相对成熟、稳定，新的经济现象就十分有限了。而大学的经济学教授有撰写论文的压力，可是供研究的新经济问题又不多，或者说前人已经挖掘完毕，结果倒逼着大部分人专注于比技巧。数学方法更复杂、数学模型更漂亮、数学技巧更娴熟等，反倒成了衡量经济学研究水平高低的标准；这样，数学无形中成为一道门槛，成为经济学家俱乐部进入的门槛。同时，国内也有一种声音认为，当今中国经济学研究方法落后，而中国"经济学家"人数众多，需要建立行业门槛，经济学研究的数学方法似乎成了检验伪经济学的试金石。尤其是改革开放以来，随着西方经济学的大量涌入，运用当代西方经济学理论和方法分析我国经济问题成为一种普遍现象，这也成为经济学研究数学化趋势的重要推手。

三、 经济学研究方法过度数学化的反思

（一）学界的反思

经济学研究对于数学化的倚重，使经济学分析范式正成为哈耶克

所警告的"致命的自负",抑或是熊彼特所说的"李嘉图恶习"。这种心态阻碍了经济学对于其他学科思想精华的借鉴和汲取。亚瑟·C.庇古指出了过分依赖数学分析的后果,"头脑中想象的问题与现实生活条件是不一致的,而且会使我们忽略掉那些不容易用数学机器加工的因素"。加尔布雷斯讽刺只注重数理分析却不关注现实经济社会的经济学家是"白痴专家"。弗兰克·哈恩建议年轻的经济学家"像躲避瘟疫一样躲避讨论经济学中的数学"。凯恩斯批判了"将经济分析体系形式化为数学符号的伪数学方法",因为仅仅关注于纯粹的数学符号,作者会丧失对于"真实世界中的复杂性和相互依赖关系的洞察力"。里昂惕夫也曾批评经济学研究的"数学形式主义"倾向。萨缪尔森甚至尖锐地指出,"经济学的数理化从此……与其他社会人文学科形成了对峙关系"。

近年来,国外曾出现了"经济学改革国际运动"。法国经济学专业的学生在网上发请愿书,反对无节制地使用数学。数学形式化的好处在于构建问题和操纵模型,而目的局限于为发现"好的结果"而写出"一篇优秀"论文。这样只是有利于选拔和评估,却无法回答现实经济提出的有关争论问题。法国经济学教授对此声援,同学生一道反对把科学与数学联系起来的"幼稚而荒谬"的做法。经济学是否科学的争论不仅是使用数学与否的问题,以此争论示人实际上是回避现实、欺骗人们。1991年,美国经济学会对美国经济学研究生教育状况的评价是:研究生教育可能会培养太多的白痴专家,技术娴熟,对现实经济问题一窍不通。

经济学研究的过度数学化,使经济学发展对于"工具理性"的崇拜超越了"价值理性",使经济学研究抽象掉思想背后的人文关怀,成为一种精致而烦琐的数学语言,这种趋势是经济学思想浅薄和形式化的表现。经济学家沉迷于逻辑的演绎与推理,对数学形式化的推崇,从某种意义上就像"皇帝的新装",使经济学研究成为"象牙塔"中的自我欣赏,逐渐远离思想界和公众的视野。

（二）经济学学科属性的再认识

自然科学与人文学科的区别在于，自然科学以客观事物为研究对象，以精确的语言、严密的推导、数学化的形式表现出来，科学的研究结果具有一般性，在一定条件下被证实或证伪；而人文学科基本上以主观、抽象的事物作为研究对象，以模糊的语言、感悟的抒发来表达个体内心世界的认识。从成果的公信度看，人文学科的结论通常是个性的，讲究的是过去经验的总结和运用、继承和发展，所以不能通过实验或实践来判别（朱成全，2003）。从研究追求的目标看，科学追求的是真，而人文讲究的是善和美。科学以"事实"说话，人文依"价值"立论。但是，科学与人文学科之间的界限又是模糊的。例如，历史学作为人文学科，以过去为研究对象，必然带有主观推测，但是，历史学重视考古证据，以实证判别，更符合科学的特性。因此，斯蒂芬·科尔用理论的成熟性、定量化、认知共识、预言能力、理论过时的速度和增长的速度六个指标，将科学划分为不同的层级，"层级顶端"的学科是物理、化学、生物学，是典型的自然科学，而"层级底端"学科是历史学、哲学、宗教等，是典型的人文科学（Cole，1992）。依据斯蒂芬·科尔的原则，社会科学既有科学性又有人文性，是介于自然学科和人文学科两者之间的中间学科，例如经济学、社会学、法学、政治学等。

社会科学本以社会为研究对象，源于人文研究，自从经济学等加入社会科学之后，研究范围开始扩大，从单一的精神世界扩展到事实世界。由于社会科学已经不是纯粹的人文学科，于是只能另起炉灶，开始探索属于自己的研究范式。经济学作为社会科学，研究范畴既包括财富创造又包括财富分配（萨缪尔森和诺德豪斯，1992），财富创造是技术问题，反映人与自然之间的关系，属于科学范畴，可以通过统一的科学标准来衡量，经济学的研究方法、研究工具，研究结果可以通过实际状况来检验。财富分配是一个涉及价值判断的伦理问题，体现人与人之间的关系，不需要推理，而是可信或者能否接受的问题，无法用科学研究的方法处理，需要一种人文的精神来对待（徐强，2003）。所以，我们说经济学作为一门社会科学，具有理性与信仰双重维度，体现了科学与人文的统一。终极的经济学不是一段结论、一组数学模型，也不是逻辑，甚至不是一种分析方法，而是一种精神、文化和信仰（刘泰来，2004）。

同时，经济学也是"历史与逻辑的统一"。马克思认为研究事物发展规律应该按照历史与逻辑统一的方法，即思维的逻辑进程与客观的历史进程相统一，思维的逻辑进程与思维的历史进程相统一对事物历史过程的考察与事物内部逻辑的分析有机结合，逻辑的分析以历史的考察为基础，历史的考察以逻辑分析为依据，实现客观、全面揭示事物本质及其规律的目的。

四、 对经济学研究方法过度数学化的纠偏

当然，我们并不是完全反对经济学研究采用数学方法，而是反对经济研究中数学方法的过度使用。正如列宁所说，数学公式本身什么也不能说明，它只能在过程的各个要素，从理论上解释清楚以后对过程绘图说明（列宁，1972）。其实，无论是文字、数字或者其他都只是研究表述的工具，只要能够更好地表述思想、理念和逻辑，并不一定要用数学。所以，结合经济学研究发展的历程，对经济学研究方法过度数学化的纠偏，既可以借鉴马列主义的经典经济学研究范式，又可以使经济学研究与多种学科知识结合。

（一）马列主义经济学研究方法

马克思主义经济学强调对人的关注。马克思早就说过，人的本质在现实性上说，是一切社会关系的总和。"人的本质是人的真正的社会联系，所以人在积极实现自己本质的过程中创造、生产人的社会联系、社会本质。而社会本质不是一种同单个人相对立的抽象的一般的力量，而是每一个单个人的本质，是他自己的活动，他自己的生活，他自己

的享受，他自己的财富。"（马克思和恩格斯，1979）要研究"社会关系的总和"，要加强对人的研究，要以人为本。研究人与自然、人与人之间等各方面的协调发展，体现真善美的统一。不仅使人的物质需求得到满足，而且精神需求也得到满足，使人的发展与社会的发展协调同步，真正实现人的"自由个性"（尹世杰，2004）。

经济学不仅研究人，而且是研究经济社会运行规律，研究人与自然、人与人、人与社会各方面协调发展的科学。各种关系错综复杂、变化莫测，客观要求多种研究方法，从多方面进行比较、分析，才能揭示发展规律和内在趋势，绝不是单纯用数学分析可以解决的（尹世杰，2005）。例如，研究人的全面发展、人与经济社会的各方面关系时，研究对象——人就不是孤立的"人"，而是"自由人联合体"，"每个人的自由发展是一切人自由发展的条件"（马克思和恩格斯，1979），但是每个人又是千差万别的个体，研究"联合体"的各种动态关系，是不能仅用数学分析方法解决的。又如，为了促进经济社会的协调发展，经济学研究的经济、社会发展中的各种关系是错综复杂的。从我国目前面临的情况来看，打造中国经济的"升级版"，如何落实科学发展观，加速经济结构调整与转型升级，经济学就要研究可持续发展的一系列问题，包括区域协调发展、城乡协调发展、资源与环境问题、改革与开放等，而研究这些复杂又经常变化的关系，仅仅依靠数学方法是不够的。经济社会活动的复杂性、影响因素的不确定性，使社会不是实验室，经济学也不是自然科学，复杂的经济活动不一定可以用数学语言表达，简单的经济学"数学化"，只能使本来内容丰富、学科生动的经济学逐步"学科化"，这很不应该。当然，也不可能（尹世杰，2005）。

（二）史学研究方法

从经济史学研究的角度分析经济问题，不失为对当前经济学研究方法过度"数学化"的一种新尝试。西方的著名经济学家都十分重视经济史的研究。熊彼特早年因为计量经济学方面的造诣，成为美国第一任计量经济学会会长。但是，后来他却对经济史研究产生了浓厚兴趣并完成经济史巨著《经济分析史》，西方经济学界给予了极高评价。为此，熊彼特曾经指出，作为经济学研究最基本的三门专业知识（经济史、经济理论和经济统计），经济史最为重要，因为对经济发展历史的探究很可能发现新的经济学理论（朱成全，2003）。

（1）经济史是经济学的源泉之一。熊彼特指出，经济学研究范畴可以看成人类历史进程中的一个方面。它不仅有经济现象，而且有并非纯经济的——"制度"因素，通过历史我们可以全景了解经济与制度的联系。很难想象一个不熟悉史实、不具有历史经验的人，能很好地进行经济学的研究（Cole，1992）。经济史也是推动经济理论不断创新的源泉。道格拉斯·C.诺思在诺贝尔经济学奖的获奖感言中指出，我们研究经济史的目的，不仅在于重新认识经济的过去，而且通过一种分析框架尝试创新经济理论。这段话深刻地说明了经济史记载了经济发展的过程和社会制度变化的历程，通过分析经济发展史的规律，极有可能产生新的经济学分析方法。

（2）经济史研究创新经济理论。首先，从经济史研究直接抽象经济理论（朱成全，2003）。从经济理论的来源看，或多或少都有经济史研究的成分。亚当·斯密在详细考察了欧洲各国自罗马帝国以来的经济发展史后得出，人类社会的进步得益于社会分工和专业化生产；马克思和恩格斯合著的《共产党宣言》，是他们毕生研究英国的经济史和经济状况的结果。其次，从经济史研究间接证伪（证实）发展经济理论。在实践中不断地接受检验、修正与再检验，理论才能发展和创新。例如，在对经济理论的检验中，经济史不仅是理论假设的背景，而且为实证检验经济理论提供材料（Cole，1992）。例如，相对于新古典理论的经济增长"三要素"——劳动、资本和技术进步，诺思创造性地提出另一个决定性因素——制度。通过研究荷兰经济发展史，发现远高于欧洲大陆的荷兰增长速度令人瞩目。而"三要素"并无明显不同的情况下，荷兰成功的秘密在于确立了神圣私有财产制度，这极大地激发了社会的投资热情，推动了经济的发展。由此，诺思认为，即使技术进步不明显，制度创新也能推动经济增长。在此基础上，诺思创立了产权制度学派，成为通过经济史研究发展经济学理论的一个经典案例。

（三）其他学科知识与经济学研究的结合

经济学研究与其他学科知识的结合有力地促进了经济学发展（洪涛和范瑛，2008；陶江，1999）。2002年诺贝尔经济学奖授予美国学者丹尼尔·卡尼曼和弗农·史密斯，以表彰他们把心理学分析方法与经济学研究有效结合，开创了实验经济学理论，为经济学构建了更加真实合理的行为基础，提高了经济学的科学性和解释力。

首先，实验经济学以可犯错误、有学习能力的行为人取代以往的"理性经济人"假说，用数理统计的方法取代单纯的数学推导，解决以往实证研究的高度抽象和简化与现实世界不一致的问题。其次，实验经济学家可以再造实验和反复验证，用现实数据代替历史数据，克服以往经验检验的不可重复性。最后，在实验室里，可以操纵实验变量和控制实验条件，排除了非关键因素对实验的影响，从而克服了以往经验检验被动性的缺陷（祖强，2003）。

实验经济学的兴起促进了现代经济理论的发展，拓展了经济理论的研究范围，将人类决策行为当作研究对象，把经济运行过程纳入研究领域，从而发现更符合现实的经济规律。实验经济学还催生出新的经济学科。实验经济学的发展把心理学和经济学有机联系起来形成行为经济学。实验经济学构建了连接宏观经济学和微观经济学的桥梁。宏观经济理论的实验建立在微观行为的基础上，而对微观经济理论的实验也常常验证了宏观经济理论（祖强，2003）。

现代经济学研究正日益回归经济现实，注重多学科知识的交叉，目的在于构建更为合理的行为基础，以提高经济学的解释力和科学性（陶江，1999）。这一发展动态对片面强调数学化，不顾经济现实的研究倾向，不啻是一副清醒剂。

总之，经济学的研究对象是人类经济活动，而人类的行为受到诸如道德、历史、文化等各种社会因素的影响；同时，经济社会也是一个有机组成，受到各个组成部分的相互作用、相互影响。所以，经济学研究不可能像自然科学那样完全采用数学推导。正如诺贝尔经济学奖得主、计量经济学家克莱因所说："计量经济学的数量方法是无可替代的。但我确也认识到并非所有的经济问题都可以量化、可以测算，有时必须做出主观决策。"（迈克尔·曾伯格，2001）简言之，经济学研究仅仅采用数学方法是不够的，通过对经济学学科性质、马克思主义经济学研究方法以及经济学研究历史和发展趋势的梳理，有助于我们探索解决经济研究方法的"过度数学化"问题。

作者简介：

石华军，男，湘潭大学商学院理论经济学专业博士研究生，湖南工业大学商学院讲师。研究方向：宏观经济与金融。

楚尔鸣，男，湘潭大学商学院院长，教授、博士生导师。研究方向：宏观经济与货币政策。

参考文献

［1］Alfred Conrad and John Meryen.（1958）. The economics of slavery in the antebelum south. Journal of Political Economy，66：95－130.

［2］Robert Fogel and Stanley L. Engerman.（1974）. Time on the cross：The Economics of American Negro Slavery. New York：Little Brown and Company.

［3］Stephen Cole.（1992）. Consensus in the National and Social Science from Making Science. Cambridge：Harvard University Press：507.

［4］［美］阿尔费雷德·S. 艾克纳.（1990）. 经济学为什么还不是一门科学（苏通等译）. 北京：北京大学出版社.

［5］成九雁，秦建华.（2005）. 计量经济学在中国发展的轨

迹——对《经济研究》1979—2004年刊载论文的统计分析，（4）：116-122.

［6］洪涛，范瑛．（2008）．现代经济学分析方法及其发展趋势．北京工商大学学报，（6）：111-116.

［7］贾根良，徐尚．（2005）．经济学怎样成了一门"数学科学"——经济思想史的一种简要考察．南开学报（哲学社会科学版），（5）：108-115.

［8］［英］柯兰德，布兰纳．（1992）．经济学教育．安娜堡：美国密歇根大学出版社．

［9］［俄］列宁．（1972）．列宁文集．北京：人民出版社．

［10］刘泰来．（1972）．略评经济学的数学化．山西高等学校社会科学学报，（4）：48-50.

［11］［德］马克思，恩格斯．（1972）．马克思恩格斯全集．北京：人民出版社．

［12］［德］马克思，恩格斯．（1979）．马克思恩格斯全集．北京：人民出版社．

［13］［美］迈克尔·曾伯格．（2001）．经济学大师的人生哲学（侯玲等译）．北京：商务印书馆．

［14］［美］P. A. 萨缪尔森，W. D. 诺德豪斯．（1992）．经济学（上）（高鸿业等译）．北京：中国发展出版社．

［15］钱颖一．（2002）．理解现代经济学．经济社会体制比较，（2）：1-12.

［16］陶江．（1999）．理论经济学的逻辑起点从哪里开始？——逻辑学与哲学、经济学与自然科学的交叉思考．天津社会科学，（3）：46-51.

［17］田国强．（2005）．现代经济学的基本分析框架与研究方法．经济研究，（2）：113-125.

［18］徐强．（2003）．试论经济学的学科性质、体系和研究方法．江汉论坛，（1）：36-40.

［19］尹世杰．（2004）．再论当代经济学应加强对人的研究．经济学动态，（7）：18－22．

［20］尹世杰．（2005）．也谈经济学研究方法的多元化问题．经济评论，（4）：10－14．

［21］曾国安．（2005）．不能从一个极端走向另一个极端——关于经济学研究方法多元化问题的思考．经济评论，（2）：74－85．

［22］朱成全．（2003）．经济学方法论．大连：东北财经大学出版社．

［23］祖强．（2003）．经济学研究方法的重大突破——解读2002年诺贝尔经济学奖．世界经济与政治论坛，（2）：87－91．

（①原文刊发于《青海社会科学》2013年第5期。②参考引用：石华军，楚尔鸣．（2013）．当代经济学研究方法过度数学化的反思与纠偏．青海社会科学，（5）：40－45．）

经济学研究数学化趋势的哲学思考

张　真

数学现在已经成了经济学研究中最重要的工具。利用数学方法、数学语言研究经济问题的领域在不断拓展，经济学研究的数学化趋势十分明显。本文从哲学的角度，对这种趋势产生的原因和如何看待这种趋势进行了探讨。

一、　问题的提出

经济学的数学化一般是指在经济学研究中越来越多地运用了数学方法和数学语言，其表现形式主要是公式化、模型化、定量化、理想化和虚拟化。目前，在经济学研究中，无论是撰写经济学学位论文，还是发表经济学学术论文，以及对学术论文的评价等方面都偏重于数学方法的应用。经济学研究借助数学方法，或者说经济学研究的数学化趋势是十分明显的。为什么会出现这种趋势，即导致这种趋势形成的原因何在？为什么对这种趋势的出现又产生了许多争议，甚至受到诸多指责，即如何正确看待这种研究趋势——经济学的数学化？回答这些问题涉及对数学本质和功能的理解，涉及对经济学、数学科学知识的总体把握，需要上升到哲学的高度来认识。

二、 经济学研究数学化趋势形成的原因

数学在经济学中的应用可以追溯到 17 世纪英国的威廉·配第（William Petty），但自从 1969 年开始颁发诺贝尔经济学奖，应用数学方法就成了"主流"经济学的标志。诺贝尔经济学奖到目前已经颁发了 36 届，总共产生了 55 位获奖者。在这些获奖者当中，据统计绝大多数都有较深厚的数学背景，获奖成果的内容表述大多也都运用了相当深刻的数学工具和高深的数学语言。诺贝尔经济学奖作为国际上经济学的最高奖空前地影响着经济学研究的方方面面。[1]这使借助数学方法的研究成果格外引人注目。因此，以数学为工具的经济学研究领域也在不断拓展，数理经济学、经济计量学、福利经济学、金融数学、博弈论等新的经济学科相继涌现，经济学研究的数学化趋势大有一发不可收之势。受这种趋势的影响，在国外的大多数经济学论文、论著中都充满了数学公式、数学模型等。而在国内经济学研究中，数学方法的应用同样也越来越多，越来越复杂，经济学中数学方法的地位似乎也显得越来越突出。这使不少人，甚至不少学者感到经济学的文章越来越难以看懂，经常搞不清楚为什么经济学中数学应用那么多。这是什么原因呢？按照唯物辩证法认识论的观点，任何一个具体事物存在和发展变化都具有内因和外因两个方面，两者缺一不可。依照这种理论，如果从外因方面来看，无论是国内还是国外，的确存在应用数学的方式或熟练程度，在一定意义上决定着研究成果质量的高低，也确实出现了不用数学就很难在好的经济学杂志上发表文章，也很难进入主流经济学行列的情形。这种现象在发达的市场经济国家表现得尤其严重。根据著名经济学家林毅夫先生的说法，在发达市场经济国家里，由于其社会经济相对成熟、稳定，新的经济现象又不多，但是做经济研究的人却很多。比如在美国各行各业的经济学家有 5 万多人，单单在大学教书的就有 1 万多人。在大学教书的教授必须不断撰写论

文，可是又没有多少新的问题可以研究，因此大部分人会倾向于比技巧。在经济研究中应用数学技巧是否娴熟、数学方法是否复杂、数学模型是否漂亮就成了衡量水平高低的标准；同时数学也成了一个门槛，是进入经济学家俱乐部的门槛。[2]而国内的一些学者也认为当今中国"经济学家"人数之多与中国经济学方法落后有关，极力推崇运用数学方法撰写经济论文，并呼吁经济学家们要付出一定代价来建立起自己的行业门槛，数学方法成了驱逐伪经济学的行业门槛。[3]特别是改革开放以来，西方经济学的大量涌入，运用当代西方经济学理论和方法来分析我国经济问题的文章占领了经济学书刊的大量阵地。这些情况的出现可以说是导致经济学研究数学化趋势的重要原因，但这只是外因。经济学之所以广泛应用数学主要是由其内在原因（内因）决定的，或者说是由经济学与数学之间的内在联系决定的。如果从经济学研究的角度来看，可以说是经济学研究的内在需要决定的。

（一）经济学要研究经济现象，经济现象中大量复杂的数量关系需要用数学来反映

我们知道，经济学的基本范畴：需求、供给、价格、投入、产出、成本、利润、积累、消费等都是可量化的概念。这些可量化的概念之间相互依存、相互关联，只有通过数量关系才能表现出来。而数学是专门研究客观事物的数量关系和空间形式的科学。这就为经济学的数学化提供了可能。通过运用数学方法，人们可以对经济活动中的数量联系做出分析，使经济活动中存在的普遍而复杂的数量关系简单化、精确化。例如，经济活动中的投入与产出的关系是极其复杂的，国民经济中有成千上万种产品和众多的部门，部门（产品）与部门（产品）之间，除了有直接的联系外，还存在大量的间接联系。直接联系通过计算直接消耗系数来反映就非常简单明了；而间接联系所引起的间接消耗就非常复杂，当应用了高等数学中矩阵代数的运算求解完全消耗系数后，问题也被简单化了。把直接消耗和所有间接消耗加起来就是完全消耗。[4]完全消耗反映的产品之间蛛网式的连锁关系是不易观察的。在借助于投入产出法这一现代数学方法以后，不仅将完全消耗这种复杂问题大大简单化，而且能够精确地计算其数值，使经济分析既方便又可靠。

（二）经济学要研究经济问题，而一些用语言文字无法说清楚的经济学问题需要用数学来解决

数学是最严谨的一种形式逻辑。不少人在运用文字语言进行经济研究时逻辑容易不严谨，这就需要在经济学研究的论述和交流中，从使用文字语言转变为使用数学语言。使用数学语言比较简练，表述概念较精确，而且数学语言可以清楚地描述前提假定，使经济学的推理与分析过程呈现出数理逻辑的严谨性。数学表达的逻辑严谨和无歧义，容易被证实或证伪。可以说经济学研究中的许多争论，都源于未明确给定讨论的前提条件或者潜在假设模糊，用文字语言表述却难以发觉，造成了"公说公有理，婆说婆有理"的争论局面。解决问题的最好方法就是使用数学语言。数学语言摆脱了自然用语的多义性问题，数学表述具有文字性表述所不具备的确定性与精确性。这样就可以有效地避免经济学理解上的歧义，避免基于不同理解而发生的一些无意义的争吵。这无疑将提高学术交流的效率，提高经济学的科学性。同时，数学语言还具有高度的概括性。一些看似性质上不同，表现形式上千差万别的经济问题，有时可以用一个简洁的数学语言式表达出来。比如，微观经济学中在确定消费者购买行为时所用的"无差异曲线"与确定生产者取得最优经济效益时所用的"等产量曲线"正是如此。正是在这种意义上，数学的思维方式、论证方式和语言形式被能动地运用于经济学，改变了经济学的面貌，促使经济学不断实现质的飞跃。

（三）经济学的发展需要数学

在经济学发展历史上的历次重大突破中，无论是从古典经济学到新古典经济学的转变，还是从"边际革命"到"凯恩斯革命"等，都得益于研究方法的改进和变革。[5]其中在推动经济理论的变革中数学思维方式曾经起到了决定性作用。而且经济学发展演变的进程与数学的发展也保持着高度相关。比如，在经济学史上，最伟大的发现是亚当·斯密"看不见的手"的经济思想。它揭示了市场经济最基本的内在规律：价格调节会自发地实现均衡。但这一经济思想最终是由德布鲁运用拓扑论、集合论等现代数学工具给出了最完备的证明。[6] 在由常量数学（初等数学）向变量数学（高等数学）的发展中，微积分的出现引发了经济学的"边际革命"，微积分在经济分析中的运用，奠定了当代西方经济学的理论框架。在必然数学向随机数学的发展中，人们以概率论的观念取代了传统的定数论的观念，于是经济计量学就应运而生，从而沟通了经济理论与实践的联系，使经济学进一步实用化。随着数学的不断发展，人类经济行为中最难以把握的问题之一是不确定性与风险性，在运用了博弈论之后对不确定行为的分析也有了突破性的进展。这使经济学研究对数学的应用范围伴随着数学的发展在不断延伸，进而也不断改变着经济学研究的发展进程，同时又在不断改变着人们的思维方式和思维习惯，使人们对经济问题的性质、经济现象的本质有了新的更为深刻的认识。

三、 正确看待经济学研究的数学化趋势

尽管从内因与外因两个方面都表明经济学研究需要数学。但依据唯物辩证法认识论的理论，还是要强调在事物发展过程中，事物内部矛盾（内因）是事物发展的根本原因。同时内因还是事物"自己运动"的动力和源泉，并决定着事物变化发展的方向和基本趋势。在肯定这一点的前提下，也不能忽视外部矛盾（外因）对事物发展变化的重要作用。掌握这种内因与外因辩证关系的基本原理，可以提高我们对经济学研究数学化趋势的认识。对于经济学的数学化问题，国内外学者在认识上还存在许多差异，一直以来争议不断。尤其是国内学术界对此褒贬不一。赞同的认为在经济分析中广泛使用数学的确使经济学研究方法更加清晰、精确，逻辑推理更加严密，并认为数学的引入，给经济学的发展带来了无穷的灵感，在推进经济学的科学化方面发挥

了重大作用。持相反意见的则认为，经济学所关注的经济现实和经济活动中人的行为是不可预测的，即使可以列出各种经济函数，但也只是仅仅分析了主要变量，而经济活动中人的行为变化是很难完全用数学来描述的。[5]那种数字套数字、公式套公式、模型套模型的"数学教条主义"、形式化的经济学研究是不可取的。[7]还有人指出，经济学绝不能也不应该"数学化"，这样下去会"化"掉经济学这门重要的社会科学。[8]由此可见，对于经济学研究的数学化趋势，在看法上的分歧还是很大的，这种分歧的存在一定程度上会影响经济学自身的发展。所以，如何减少分歧，正确看待经济学研究的数学化趋势，就成了一个既有难度，又必须面对的问题。下面不妨从三个不同方面探求解决办法。

（一）要提高对数学本质和功能的认识

许多反对在经济学研究中应用数学的观点，归根结底是建立在传统的、狭隘的数学观上，即认为数学就是定量的科学，经济学应用数学只是为了加强定量研究；否定应用数学方法能对经济进行质的分析、数学方法在推动经济理论的变革中能起到决定性作用。这种把数学的功能仅仅局限在计量方面的认识是片面的。从人类认识史的角度来看，数学是人类理性思维的基本形式，只有理性思维才能产生重大突破。爱因斯坦运用数学思维推演出许多人们在日常生活中完全体验不到、不能理解的结论。他创立的相对论大大打开了人们的眼界，使人们对宇宙的认识前进了一大步。我们应该看到：①数学思维方式的演变在推动经济理论的变革中同样起到了决定性的作用。它不仅为经济学提供了一种强有力的分析工具，更为深刻的意义在于，它从根本上改变了经济学家看问题和分析问题的角度和理念，使人们对经济问题的本质产生了全新的看法。②抽象性是数学的重要特点之一。越抽象的东西反而越适合分析十分复杂的事物。这是因为抽象思维的特点在于，通过分析把客观事物的每个属性分别提取出来加以考察，舍弃其偶然的、非本质的属性，从而形成各种抽象的规定，并用相关的概念表示出来。这种思维过程能够发现在可以感知的现象背后构成认识对象本质的特性，从而更完全地反映客观事物。经济学家用抽象的数学模型来阐述其理论，正是抽象力对经济现象越来越深入认识的结果，也正是抽象思维方法和现代科学规范的体现。而数学的这种抽象性又和它的另一个特点即应用的广泛性是紧密相连的。可以证明的是，数学的广泛应用大大拓展了经济学的研究领域及其解析能力，数学的抽象性还扩大了经济学结论的广泛性，催生新的经济学科不断产生。③数学具有逻辑的本质，也是对逻辑的发展和延长。逻辑一致性是科学理论的重要特征。理性思维之所以必须遵循一定的逻辑规则，主要是为了防止在思维过程中出现自相矛盾或理论观点之间前后不一致的现象，即保持理论结构本身的自治性和内在整合性。一门学科走向成熟的标志之一是拥有逻辑一致的理论框架。如果确认经济学的理论是一个在经验事实基础上抽象的逻辑系统，那么所有逻辑语言总可以用符号语言来表达，数学语言就是一种符号语言。由此，采用逻辑方法的理论体系能够用类似于数学语言加以表达，则是顺理成章的。数学的符号语言可以为经济理论的逻辑一致性提供可靠的保证，使人们更容易深入、精确地了解经济运行的内在规律和本质属性。

（二）要转变"导向"，即从"方法导向"转变为"问题导向"

严格来说，经济学是一门问题导向的科学，问题的唯一来源只能是现实的经济运行。同时，经济学又是一门经验科学，它的理论必须具有经验基础。对于这样一门学科，经济学研究需要数学，但经济学绝不是数学。问题是目前在一些人看来，不使用数学方法，经济学就不能成为科学；不运用高深的数学，经济学水平就低。这又是为什么呢？我国著名经济学家何炼成教授认为原因主要出在所谓"与国际接轨"问题上。近些年来我国经济学界大肆宣扬西方经济学的新思潮，经济学论文和论著的格式、语法和文笔都"洋八股"化了，模型公式和数字案例连篇累牍，看后令人不知所云。[7] 为了纠正或防止这种偏向，笔者认为必须转变"导向"，即从"方法导向"转变为"问题导向"。目的是要增强经济学的"问题意识"。只有数学方法与经济学的

"问题意识"相结合，才能推动经济理论向纵深发展。事实上，任何科学研究都是从问题开始的，所谓"问题意识"是一种对所要寻求解答的意向上的引导，是一种对潜在的可能提供解答的研究方向上的直觉。一般来说，"问题意识"来自经济学家对现实的观察、体验与感受。不同时代面临着不同的问题，经济学家往往是在许多现实问题的刺激下考虑经济理论的。社会经济状况虽然决定着经济理论的问题面，但经济理论的完善和发展，很大程度上取决于对一般科学的认知程度。瓦尔拉斯毕竟受所处时代的数学发展水平的限制。他所提出的一般均衡论是未经严格证明的命题，属于猜想性质。最终德布鲁运用拓扑学的不动点定理进行证明，才把猜想变成了严格的真理，使一般均衡论建立在坚实可靠的基础上，微观经济学"大厦"遂告建成。联系我国实际，党中央提出要建立和谐社会，经济学就应该研究：如何以科学发展观为指导，加速构建社会主义和谐社会。这一命题就包括了一系列复杂、重大的经济问题，既要研究"看不见的手"，又要研究"看得见的手"。而这两只手又是经常变化的，不仅要考虑不同时间、地点的不同情况，而且要考虑社会、经济的发展趋势；不仅要考虑国内的情况，而且要分析国外的情况。[8]这一切都必须从问题出发，离开了经济学家敏锐的"问题意识"，单靠数学方法是肯定不行的。当然，越是事关经济学全局和根本的问题就越复杂、越重要，其难度自然越大，抽象与概括出来的理论价值也会越高，有时候甚至可能会带来理论上的重大突破。我国当前正处在改革与发展的重要时期，在新旧两种体制转换过程中，各种错综复杂的因素相互作用、相互关联，新的情况、新的问题层出不穷。这就要求经济学研究必须以问题为"导向"，从现实的经济问题出发，去寻找并创新出包括数学在内的更多的解决问题的方法。

（三）要把握好应用数学的原则

经济学研究应用数学的原则上升到哲学高度，可以概括为"内容决定形式"。世界上任何事物都有它的内容，同时也有它的形式，在内容与形式的统一体中，内容在事物中处于主导的、支配的地位，形式则处于从属的服务地位。内容决定形式；形式对内容有反作用。这种哲学理论启示我们，在经济学研究中，哪些地方应用数学形式一定要视内容而定。比如，一个经济结论的产生一般需要经过三个阶段：第一阶段需要提出经济观念、经济想法或猜想，这些内容就不能使用数学形式；第二阶段需要验证所提出的经济想法或论断是否成立，就可以用数学模型和分析工具给出严格的证明；第三阶段需要将技术语言所得出的结论和论断用通俗的语言来表达，使一般人也能够理解就更要避免用数学。显然，经济学研究应用数学是分阶段的，即非数学语言阶段—数学语言阶段—非数学语言阶段。[9]除此之外，泛泛的经济问题没有必要应用数学，具体问题则用得上数学。可是，近些年来，经济学研究应用数学的范围出现了过泛过滥的现象，过分依赖数学和刻意追求数学化倾向已经很严重了。这从一些经济学研究的论文、论著中充斥着长篇累牍的数学公式、数学符号和数学推导就可以看出，经济思想成了点缀，数学的逻辑论证本身成了目的；判别经济学论著水平高低的标准不是经济思想的水平，而是应用数学的多少及其复杂程度。数学方法和模型形式的使用重于问题和观点的理论价值，使内容与形式的关系出现了严重偏离，遭到了许多人的反对。

客观地说，应用数学方法研究经济问题是有明显优势的，尽管存在争议，有的批评，有的赞成，但谁都没有否定数学在经济学中应用的价值。数学在促进经济学发展中在过去已经起到并在未来继续起到重要的作用，经济学研究应用数学方法是不可避免的事实。目前的问题是过度数学化倾向，使经济理论严重脱离了实际。在经济学研究中，不是数学方法为经济研究服务，而是经济分析为数学推导服务，以致在经济研究时把分析的范围局限于数学上能够表达得方便，随意采用不适当的假设，纯粹为了追求数学技巧而不顾客观经济实际，用数学概念代替客观存在，致使数学从"仆人"变成了"主人"。这种完全为了纯粹数学形式的表达，最后就变成了数学的奴隶。剩下的只是一些空洞的方程式和公式图表，造成了"滥用数学"的不良后果。数学的应用只有回归到现实问题中去，坚持定性分析与定量分析相结合，与具体现象的深刻理论和严格的"质"的规定性相结合，才是有意义的，否则经济研究就一定会陷入毫无实在内容的形式化的公式与数字游戏之中。对于日益数学化的经济学研究的确需要实现"从形式理性的骗局到对实质理性的需要"的转变了。[10]这就要求在经济研究中辩证地处理好经济学与数学的关系。数学应用得当可以用来说明真理，可以解决一些用语言文字无法解决的经济学问题；应用不当就可以用来掩盖错误，使经济研究做出错误的结论。在这里，把握好内容决定形式的原则很重要，如果经济学研究过分地数学化，失去了一定的度，不管什么内容，也不管需要不需要，硬要在论述中添加数学公式和数学模型，故弄玄虚，以显示规范化和国际化，就难免要出纰漏，导致数学方法的失灵。在经济学研究应用数学方面，当代一些著名经济学家如克鲁格曼、斯蒂格利茨、科斯、里昂惕夫、弗里德曼等都是做得很好的大师。

四、 结束语

以上扼要的论述，试图从哲学的角度说明经济学研究数学化趋势形成的原因，以期提高人们对经济学数学化的认识，并试图通过不同的层面，寻求减少对数学化认识上存在的分歧，以期正确看待经济学研究的数学化趋势，达到合理应用数学工具研究经济问题的目的。然而，数学化要想得到大多数人的认同，还需要转变知识结构、转变思维方式和研究方式。数学化要想取得实效，还需要深入钻研，拿出足够的、令人称道的实证研究成果来，这个过程不是一蹴而就的。但可以预见的是，伴随着中国经济的崛起，中国的经济学研究必将广泛借鉴相关社会科学和自然科学的方法，数学绝不应该是经济学研究方法的唯一选项。经济学研究若想真正有所作为，为中国的经济建设有所贡献，就必须一切从实际出发，大兴调查研究之风，用事实说话，用数据说话，既不要空泛议论，也不要片面数学化。[11]经济学研究需要数学，但不迷信数学，要有选择地使用，滥用数学是经济学研究的误区。

作者简介：

张真，嘉应学院财经系。

参考文献

［1］韩兆洲，邓勇．（2004）．从诺贝尔经济学奖看经济学研究的数学化趋势．南方经济，（4）：27－29.

［2］林毅夫．（2004）．关于经济学方法论的对话．东岳论丛，（5）：5－30.

［3］蒲勇健．（2009）．数学方法：驱逐伪经济学的行业门槛．金明善．学问聊斋．济南：山东人民出版社．

［4］董乘章．（2000）．投入产出分析．北京：中国财政出版社．

［5］张东辉．（2004）．经济学研究方法的变革与现代经济学发展．东岳论丛，（1）：45－49.

［6］梁小民．（2001）．小民读书．福州：福建人民出版社．

［7］何炼成．（2005）．中国经济学研究向何处去．经济学动态，（11）：13－14.

［8］尹世杰．（2005）．经济学应该"数学化"吗．经济学动态，（7）：36－40.

［9］田国强．（2005）．现代经济学的基本分析框架与研究方法．经济研究，（2）：113－125.

［10］杜金沛，邢祖礼．（2005）．实证经济学与规范经济学：科学标准的辨析．财经研究，（12）：41－53.

［11］杨民．（2005）．反思经济学的数学化．经济学家，（5）：24－28.

（①原文刊发于《统计与决策》2006年8月下。②参考引用：张真．（2006）．经济学研究数学化趋势的哲学思考．统计与决策，（16）：28－31.）

经济学数学化的发展综述

——一个方法论视角

王玉霞　罗晰文

经济学数学化已经成为当今主流经济学的显著特征，它不仅意味着数学工具的使用，更意味着数学的思维范式、论证形式和表达方式对传统经济学的整合与重构。对于经济学数学化的争论，本质上是经济学方法论的争论。文章回顾了经济学数学化的发展历程，总结了经济学数学化的不同阶段的方法论背景、研究成果、代表人物，最后指出了经济学数学化今天遭遇的挑战。

一、 引言

早在 1876 年，历史学派的经济学家索罗德·罗杰斯（Thorold Rogers）便指出，亚当·斯密（Adam Smith）推出结论的过程与他的追随者或注释者们得到同样结论的过程两者之间是不同的。[1]如果说亚当·斯密自视为广义上的哲学家，把经济学看作社会与人类发展的广泛研究项目中的一个章节来研究[2]，那么他绝大多数的继承者则自视为科学家，致力于将经济学从道德哲学与政治哲学中解救出来，并打造成为"价值无涉"的客观科学。在这一过程中，数学方法因其高度的抽象性、精确性和逻辑一致性，成为经济学家塑造经济学科学性的有力武器。采用数学方式对经济思想加以形式化，在叙述上会削减歧义、整洁清晰，在逻辑上则严谨内恰，给经济研究带来种种便利，更重要的是，数学在经济学中的广泛应用使经济学更彻底地在理论建构和研究中贯彻了科学哲学对方法论的要求。

经济学数学化不仅意味着数学工具的使用，更意味着数学的思维范式、论证形式和表达方式对传统经济学的整合与重构。经济学"数学化"如同一把"双刃剑"，一方面奠定了经济学"社会科学皇后"的地位，创造出丰厚的研究成果；另一方面将经济学推向了抽象化、公理化、形式化，引发了持续的担忧和争议。对于经济学数学化的争论，本质上是经济学方法论之争。本文基于方法论的视角，回顾了经济学数学化的发展历程，介绍不同阶段的方法论背景、研究成果、代表人物，并指出了经济学数学化遭遇的反思和挑战。

二、 经济学数学化的开端

18 世纪威廉·配第（William Petty）的《政治算术》和弗朗斯瓦·魁奈（Francois Quesnay）的《经济表》是早期数学应用于经济学的代表，配第在经济学的研究方法上深受英国经验主义哲学创始人培根（Bacon）、霍布斯（Hobbes）的影响，将经验主义的认识论引入了经济学研究，力图以事实、感觉和经验为依据，主张用"数字和事实"研究经济问题，并努力"用数学、重量和尺度的词汇表达自己想说的问题"[3]，魁奈则试图通过理性演绎和数学运算去发现人类社会的"自然秩序"[4]。经验主义是文艺复兴后自然科学的产物，强调哲学应当以实证自然科学为基础，重视经验观察，主要运用历史归纳和抽象演绎的方法，对英国经济学家为主的古典经济学有着广泛的影响。但是这一时期大部分政治经济学家依然倾向于用语言来表达思想，即使在研究中采用数学方法，应用也十分简单。尤其在 18 世纪中期，政府和国王们对统计数据、财政收入进行保密，经济学家无法得到可信的原始统计数据，经济学数量方法的发展亦近于停滞。一般认为奥古斯丁·古诺（Augustin Cournot）真正将数学方法系统运用于经济学，其1838 年出版的《财富理论的数学原理的研究》是经济学"数学化"的开端。在该书中，古诺运用了大量数学方法分析经济问题，他使用微积分计算函数关系，并用函数形式表达经济变量之间的依存关系。在该书序言中，古诺反复强调在财富理论上运用数学的必要性及重要性。古诺认为"数学的用处并非单纯是计算出数值结果，它还可以用来发现不能用数字表达的量之间的关系，以及不能用代数表达式来说明其形式的函数之间的关系"[5]。此外，古诺认为"那些在使用常规语言的作者笔下，表达得不确定而又晦涩难懂的分析"可以"用自己熟悉的符号加以确定化"[5]。这表明古诺不仅对于数学方法的应用非常娴熟，对于数学方法的优势也有明确认识。杜能（Thunen）的《孤立国》与戈森（Gossen）的《交换规律的发展和人类行为准则》也是大量应用数学方法尤其是边际方法的典型代表，两者也十分注重和倡导数学方法在经济学中的使用。这一阶段，数学主要作为研究工具和表达形式进入经济学的研究，仍为传统研究方法的补充，古诺在数理经济学上的许多贡献直到"边际革命"后才得到应有的重视。

三、 经济学数学化的发展

19 世纪 70 年代，杰文斯（W. S. Jevons）、门格尔（C. Menger）和瓦尔拉斯（L. Walras）三人发起的边际革命对经济学"数学化"起了关键作用，尤其以杰文斯、瓦尔拉斯为首的数理学派是当时经济学"数学化"的代表。他们将经典物理学作为理想经济学的范本，认为经济学的研究对象就是数量和数量关系，经济问题的复杂性只涉及机械意义上的数量关系，因此经济学是一门与物理学相似的数学科学。杰文斯指出："经济理论……表现形式类似于物理学中的静态机制，而交易法则类似于力学原理中的均衡法则。价值与财富的性质可以通过考察点滴的快乐与痛苦来加以说明，正如物理学中的静态理论是基于对点滴能量平衡的考察所得出的一样。"[6]在其 1871 年出版的著作《政治经济学理论》中，杰文斯通过四个命题，强调了数学在经济学中的重要地位：①经济学的本性是数学的；②变量无法精确测量并不妨碍经济学的数学性；③经济学所用方法主要是微积分；④数学方法是使经济学进步的必要条件。[7]瓦尔拉斯则基于边际效用理论，在 1874 年出版的《纯粹经济学要义》一书中，使用了微积分和大量的联立方程，建构出了一套经济学的分析方法，提出了一般经济均衡理论。对瓦尔拉斯而言，数学方法是研究经济理论的唯一合乎逻辑和科学的方法，只有使用数学才能对经济理论加以确切的论证和说明。

边际革命中，经济学家对自然科学所运用的推理演绎方法的推崇和效法，开辟了经济学运用数学化的全新路径。无论从应用范围还是使用程度，无论从产生贡献还是思想熏染，数学方法均作为一种有力的力量冲击着传统经济学。这一时期开始，经济学家都或多或少地使用数学帮助自己的研究，埃奇沃思（Edgeworth）、艾尔弗雷德·马歇尔（Alfred Marshall）、欧文·费雪（Irving Fisher）、帕累托（Pareto）、庞巴维克（E. von Bohm-Bawerk）的著作中均借助了数学方法进行经济学问题的分析和阐述。这一阶段中，数学方法，主要是微积分在经济学大量应用，"导数""拉格朗日函数方法"与经济学的边际理论、最优化问题实现了完美的契合，成为推动经济学发展的有力工具。边际分析阶段，经济学数学化研究取得的成就主要集中在微观领域，可概括为三个方面：①形成和发展了一套完整的微观经济活动者行为理论；②提出了一般经济均衡问题，建立了一般经济均衡的理论框架；③创立了当今的消费者理论、生产者理论、垄断竞争理论及一般经济均衡理论的数学基础。[8]

但在当时，无论是英国的新古典学派还是德国的历史学派，主流学派的经济学者并不认可数学方法在经济学中的广泛应用。马歇尔在他的著作《经济学原理》里把数学的定量材料仅仅作为附录和脚注，以免他的数学损害他的经济学。他认为"纯数学在经济问题中的主要用处似乎是在于帮助一个人将他的思想的一部分迅速地、简练地并精确地记录下来以供他自己使用",而不是必要成为经济分析的主要方法。[9]马歇尔坚持方法论多元主义,认为经济学需要多种方法、多种语言,有的问题适用于历史——制度方法,有的则适合抽象分析,经济学不能过分依赖数学,甚至主张"将数学付之一炬"[9]。

德国的历史学派则认为不存在"放之四海而皆准"的普遍法则,任何经济制度的合理性都是相对的,依不同的国家及不同的发展阶段而定。经济学的任务并不是提供绝对的真理,而是提供相对合理的解释。因此历史学派认为历史的方法才是适当的方法,经济学应该从观察和类比出发,在大量观察的基础上对现象做出适当的概括,而不是从某些绝对的前提假设出发,进行脱离实际的演绎。其代表人物施穆勒(Schmoller)与奥地利学派代表门格尔展开了激烈的辩论,施穆勒对门格尔倡导的抽象演绎方法进行了批评,认为抽象演绎法作为一种初级的权宜的方法,不能适应实际生活中无穷的、多种多样的变化。抽象演绎法建立在对反复出现的经济现象的主要因素抽象的基础上,利用概念和假设性前提,运用演绎方法,寻找出各因素之间的关系和因果关系。数学方法是抽象演绎方法的有力工具,历史学派对抽象演绎方法的反对就决定了其对数学方法的态度。施穆勒指出数学方法对于政治经济学问题是不胜任的,数学–物理科学(尤其是力学)不可能为经济学提供范式。[10]

尽管经济学的"数学化"在边际革命后快速发展,但仍遭遇了广泛的争议和质疑,未成为一种公认、普遍的现象,其代表的抽象演绎的分析方法也未占据主流统治地位。如劳森(Lawson)指出:"在物理学疆界之外运用数学方法,当然也就是将数学方法运用于社会科学,实际上,在20世纪的头十年,扩大对这一运用支持的目标被广泛地(虽然从不是普遍地)认为是不可能的"。[11]

四、 经济学数学化的成型

20 世纪 30 年代始，伴随着实证主义在经济学方法论中地位的提升，经济学数学化逐渐成型。坚持实证与规范的划分，使事实分析与价值判断相分离，以可检验性作为评判理论的标准，莱昂内尔·罗宾斯（Lionel Robbins）通过其著名的"目的－手段"型经济学将规范经济学驱除出了经济学的学科范围。在他看来，经济学是一门研究作为目的和具有不同用途的稀缺手段之间关系的人类行为的科学，它只研究"是"和"不是"的问题，不研究"应当"和"不应当"的问题，"经济学在各种目的之间是中立的，经济学不能断定最终价值判断的正确性"。[12]米尔顿·弗里德曼（Milton Friedman）也指出实证经济学是或者可以是一门"客观"科学，其"客观性"与任何一门自然科学的"客观性"完全相同。[13]实证主义标准的确立对经济学的影响是深远的，实证方法特别是数理逻辑推演以及定量化进入经济学的程度，被认为是检验经济学"科学化"的重要量度，甚至是"唯一"的量度，数学在其中被赋予了决定性的角色。[14]

在这种方法论背景下，数学方法在经济学研究中迅速发展和普及，起到了举足轻重的作用。凯恩斯（Keynes）将概率论中的不确定性引入经济分析中，依此建立起来的利息理论成为沟通经济学中实物理论和货币理论的桥梁。约翰·希克斯（John Hicks）和保罗·萨缪尔森（Paul A. Samuelson）以严格的数学工具将边际分析发挥到极致，萨缪尔森出版的《经济分析基础》对新古典经济学进行了系统、完整的、基于数学的表达，实现了最大化原理与一般均衡原理的综合，被看作数理经济学史上以微积分为基础的边际主义时代终结的标志。萨缪尔森指出"就像许多现代经济理论所表征的那样，对本质上很简单的数学概念做烦琐的文字说明，这不仅从促进科学的立场上看毫无裨益，而且所涉及的也只是一种特别无聊的精神操练"[15]。

20 世纪 50 年代以后,集合论和线性模型替代微积分手段作为新的数学工具应用到经济领域,发展出更具广泛性和一般性的经济理论。J. 冯·诺伊曼(John von Neumann)、奥·摩根斯坦(Oskar Morgenstern)、K. J. 阿罗(K. J. Arrow)、吉拉德·德布鲁(Gerard Debreu)等经济学家为这一时期的典型代表。阿罗在《社会选择与个人价值》中,运用集合论工具进行社会选择理论的公理化,严密地证明了著名的"不可能性定理"。在 1954 年发表的论文《竞争经济中均衡的存在性》中,阿罗、德布鲁对分散经济中多重市场均衡的存在给出了严格的数学意义上的证明[16],在《价值理论》中德布鲁则对一般均衡理论进行了简洁和优美的表达,其展现和倡导的公理化分析方法现已作为经济分析的标准形式被采用[17]。"确定研究目标、做出基本假设、构建数理模型、进行数学推导、得出结论、进行预测或提出政策建议",成为绝大多数经济学家遵循的科研步骤。

经济学公理化是经济学数学化成型的重要表现。德布鲁将公理化分析定义为"选择原始概念,形成有关假设,运用与对任何原始概念的主观解释毫无关系的数学推理工具,从那些假设中推出结论",他指出经济理论公理化的优势在于:明确理论假设,便于判断理论的适用范围;易于回答原始概念的新解释;促进经济工作者之间的相互交流。[18]

经济学公理化是在当时哲学界盛行的逻辑实证主义和数学领域盛行的布尔巴基主义的共同影响下形成的。逻辑实证主义是马赫主义的后裔,实证主义的第三代①,是发展得最成熟、形态最完备,影响最大的一种科学主义流派。逻辑实证主义要求理论须建立在基本概念和公理的基础上,通过演绎推导完成全部理论陈述,其对归纳逻辑进行一定程度的严密化处理,推动新兴的数学工具应用于经济学。布尔巴基主义作为极端的形式主义数学,试图摆脱来自现实世界的直观感受,

---

① 孔德代表实证主义第一代,即社会实证论;马赫和阿芬那留斯代表实证主义的第二代,即经验实证论;石里克和卡尔纳普等的维也纳集团代表实证主义的第三代,即逻辑实证论。

以数学结构为基础用高度的逻辑化将数学统一起来。经济学公理系统的建立亦无须依赖现实基础，其内在相容性便可决定其有效性，劳森指出"公理方法一举除去了那些从事经济学学科数学化的学者们面对的迄今不可克服的制约"[11]。国内学者杜两省总结道，功能主义哲学观促发了实践上的实用主义原则，科学主义发展观引领了理论上的自然主义思维[19]，这种对理论构成的公理化要求指导着经济理论的形式化进程，两者共同促进了经济学数学化的成型。

数理经济学的发展体现了逻辑实证主义在经济学理论构成方面的要求，而计量经济学则体现了逻辑实证主义实证原则对经济学理论可检验性的要求。

逻辑实证主义证实原则是从理论外部来检验理论优劣及可接受性的标准，证实原则要求对构成理论的前提假设和理论的推论结果进行经验检验，以是否与现实经验相符来判断理论的优劣及可接受性。由于经济学无法通过有控制的实验方法来进行检验，只能利用历史资料和统计数据对理论涉及的有关变量进行相关回归分析，因此计量经济学成为经济理论争论的中心。尽管如此，计量经济学仍然使经济学成为可检验的理论而大大增强了它的"科学性"。20世纪40年代，现代计量经济学的基本理论形成，其主要特征为：①引进概率论思想作为经济计量模型研究的方法基础；②选择随机动态联立线性方程组作为经济计量模型的一般形式；③主攻上述特征框架内模型参数的识别、估计、检验和计算等技术性问题。[20]计量经济学模型作为经验实证的方法，在经济学理论研究和实际经济分析中被广泛应用，拉格纳·弗里希（R. Frisch）、简·丁伯根（Jan Tinbergen）、库普曼斯（Koopmans）、劳伦斯·克莱因（Lawrence Klein）、戈德伯格（Goldberger）等经济学家均做出了巨大贡献。

这一时期，经济学"数学化"的另一重大成果是博弈论在经济学的广泛应用。博弈论又称对策论，属应用数学的一个分支，是使用严谨的数学模型研究冲突对抗条件下最优决策问题的理论，现已成为经济学的标准分析工具之一。博弈论以经济个体决策和行为之间的相互作用和相互影响作为研究对象和主要出发点，不仅要求个体具有始终追求自身利益最大化的理性意识和理性能力的"自我"个体理性，还要求相关的参与者具有层次较高的"交互理性"。因此，博弈论也是建立在理性经济人的假设之上的，甚至对博弈参与者的理性有着更高更强的要求，并由此将经济学理性主义推向极致。1944年，冯·诺依曼和摩根斯坦的巨著《博弈论与经济行为》将二人博弈推广到 N 人博弈结构并将博弈论系统的应用于经济领域，奠定了这一学科的基础和理论体系。此后，博弈论遵循着从零和博弈到非零和博弈，从完全信息博弈到不完全信息博弈，从静态博弈到动态博弈的道路发展起来，出现了约翰·纳什（John Nash）、泽尔腾（Selten）、海萨尼（Harsanyi）、威廉·维克瑞（William Vickrey）、谢林（Schelling）、奥曼（Aumann）等诸多代表人物。

五、 经济学数学化的挑战

因"过去40年中，经济科学日益朝用数学表达经济内容和统计定量的方向发展"[21]，自1969年起瑞典皇家科学院开始颁发诺贝尔经济学奖。据统计，诺贝尔经济学奖得主中90%以上是因为科学、深刻、恰当地应用了数学方法而获奖的，涉及的数学领域几乎全是现代数学，包括数理统计、随机过程、线性规划、微分方程、差分方程、最优规划、投入产出、控制论、不动点理论、拓扑论、泛函分析、微分几何、组合数学、群论、博弈论、对策论等。[22]运用数学工具的论文占据了经济学杂志的主流，斯蒂格勒（J. Stigler）调查了诸如《美国经济评论》《经济杂志》《政治经济学杂志》《经济学（季刊）》等权威刊物，指出"20世纪20年代前，90%以上的文章用文字表述。20世纪90年代初，90%以上的文章使用代数、积分或者是关于计量经济学内容"[23]。

　　数学也成为经济学教学的重要内容，经济学系的研究生通常要接受微观、宏观数学建模和计量经济学建模方面的训练，他们将数学视为最重要的辅助学科。年轻的经济学家往往受到更好的数学训练，被要求更熟练地处理各种新的、不熟悉的数学形式，使成为一名经济学家所需要掌握的数学水平越来越高，以至于经济学方法论学者菲利普·米洛斯基（Philip Mirowsky）写道："在这种年代里，唯一能使学生从美国式的经济学研究生教学计划中退学的理由，是怀疑其缺乏对数学工具的熟练掌握。"[24]

　　然而，随着经济学"数学化"的不断推进，现代主流经济学家对模型构建和实证检验的热衷以及对数学工具的过分依赖引起了许多经济学家的反思。一方面，数理经济学家把太多的精力运用在抽象理论的精练上，忽视了论题经验基础的发展，如艾克纳所言，"这将读者从一套似乎有理而完全是任意的假说引到精确的但却是无关的理论结论"[25]。另一方面，计量经济学家偏重于数据统计方面，因缺乏理论的指导往往停留在个案或局部材料的经验层面。以米塞斯为代表的奥地利学派正因其具有过重经验主义色彩，坚决反对实证主义而强调要进行因果性分析。莫里斯·阿莱（Maurice Allais）则指出数学只能是一种工具，"只有数学方面的能力和技巧是不能成为一个好的物理学家或是经济学家的"[26]。弗里德曼也强调数学的用途有限，而且还常常妨碍了分析："我一次又一次阅读的那些基本上用数学写成的文章，其中心结论和推理可以很容易地用文字重新表述，而数学部分可以放到附录中去，这样文章便可以更容易为读者所理解。"[27]罗伯特·库特纳（Robert Kuttner）则直接批评："经济学系正在培育出一代傻瓜学者，他们擅长于难懂的数学，但对实际经济生活却一无所知。"[25]

　　这些反思在某种程度上是对1970年前后凯恩斯—新古典综合失败的一种反映，后者在20世纪50年代以来一直居于经济学的主导地位，而在方法论上的讨论方面越来越多地出现了奥地利学派、后凯恩斯主义者和制度主义者等非主流经济学家的声音。丹尼尔·M. 豪斯曼

（Daniel M. Hausman）指出，绝不能指望经济规律是完美无缺的——经济规律描述的仅是在某些情况下起作用的规律，经济学家所做的多数工作能在我们把经济学视为一种不精确的和分离的学科时加以合理化。[23]大卫·柯兰德（David C. Colander）指出应将应用政策研究与实证研究区分开来，实证分支需要变得更加抽象和专业化，进一步发展、扩展和检验理论模型；应用政策分支则需减少专业化以适应制度。[23]可以看出，经济学家试图从方法论角度找到突破，来弥合规范理论和经济现实之间的鸿沟，以扭转两者日益背离的趋势。

此外，在博弈论作为有力工具满足经济学家对形式主义模型沉溺的同时，作为思想的博弈论也对正统经济学形成了根基性的挑战。当博弈论的一些基本概念和方法，如子博弈精炼纳什均衡和逆推归纳法等，在应用中遇到严重困难无法做出有效预测时，人们会对博弈论和纳什均衡理论的产生信任危机，博弈论学者们不得不重新思考博弈论的理性基础问题。在这一过程中，正统经济学的思维方式——确定性的经济社会观、理性经济人假设、个体主义原则受到了越来越强的冲击。[28]

2000 年法国学生组织并领导了席卷欧美的经济学改革国际运动，此次运动的矛头直接指向了主流经济学的统治地位。法国经济系学生在请愿书中提出"反对无节制地使用数学"和"要求经济学方法的多元化"，经济系教授则提出了以下批评：①课程表中排除了不是新古典的理论；②经济学教学与经济现实不匹配；③数学被当作目标而不是工具来使用；④教学方法排除或禁止批判性的思考；⑤需要一种适于分析对象复杂性的多元化方法。[29]这场运动集中反映了学术界对经济学数学化的反思，日趋精美和复杂的模型对现实经济的解释能力遭到了质疑。这些批评和质疑不仅缘起于经济学研究和教学中数学方式的过度使用，更因为经济学作为一门开放性、复杂性的社会科学对多元化方法论的需要。

张五常指出经济学的实验室是真实的世界，不是由经济学者建造的，不能由研究的人操控，并且观察上存在困难。[30]经济系统的各个部分之间的作用关系十分复杂，且受到人类主观能动的影响，因此有许多难以确定的因素存在于设计精良的模型之外。由于经济系统整体状态行为的多样性与动态复杂性，经济学不仅需要实证主义的科学方法论，同样需要制度学派和新制度经济学的方法论，需要历史主义的方法论，需要吸收和容纳更多非主流经济学的方法论。只有这样，才能使数学的应用服从于经济研究的需要，才能提高经济学对现实世界的解释分析能力，也只有这样，经济学的数学化才有意义。

作者简介：

王玉霞，罗晰文，东北财经大学经济学院。

参考文献

［1］W. E. Gladstone. （1995）. Revised Report of the Proceedings at the Dinner of 31st May 1876，Held in Celebration of the Hundredth Year of the Publication of the "Wealth of Nations". Political Economy Club，32.

［2］［英］特伦斯·W. 哈奇森. （1992）. 经济学的革命与发展（李小弥，姜洪章译）. 北京：北京大学出版社：12.

［3］［英］威廉·配第. （1978）. 政治算术（陈冬野译）. 北京：商务印书馆.

［4］［法］魁奈. （2006）. 经济表及著作选（晏智杰译）. 北京：华夏出版社：144－145.

［5］［法］奥古斯丁·古诺. （1994）. 财富理论的数学原理研究（陈尚霖译）. 北京：商务印书馆：18－19.

［6］［美］谢拉·C. 道. （2005）. 经济学方法论（杨培雷译）. 上海：上海财经大学出版社：50.

［7］代东凯，李增刚. （2008）. 数学在经济学中的运用：一个语言经济学的分析. 学术交流，（5）：85－89.

［8］武康平，张国胜．（1986）．数理经济学及其发展动态．北方工业大学学报，（5）：60－70．

［9］［美］阿弗里德·马歇尔．（2005）．经济学原理（廉运杰译）．北京：华夏出版社．

［10］Julian Reiss．（2000）．Mathematicsin economics：Schmoller, mengerand jevons. Journal of Economic Studies, 27（No. 4/5）：492－494.

［11］Tony Lawson．（2003）．Reorienting Economics. London：Routledge：271－272.

［12］［英］莱昂内尔·罗宾斯．（2000）．论经济科学的性质和意义（朱泱译）．北京：商务印书馆：20，119．

［13］［美］米尔顿·弗里德曼．（2001）．弗里德曼文萃（上册）（胡雪峰，武玉宁译）．北京：首都经济贸易大学出版社：121．

［14］杜金沛，邢祖礼．（2005）．实证经济学与规范经济学：科学标准的辨析．财经研究，（12）：41－53．

［15］［美］保罗·A. 萨缪尔森．（2006）．经济分析基础（何耀译）．大连：东北财经大学出版社：20．

［16］Arrow K. J., & Debreu G.（1954）．Existence of an equilibrium for a competitive economy. Econometrica, 22（3）：265－290.

［17］文力．（1988）．德布鲁及其《价值理论》述评．数量经济技术经济研究，（6）：69－74．

［18］Gerard Debreu．（1984）．Economic theory in a mathematical mode. American Economic Review, 74（3）：267－278.

［19］杜两省．（2003）．中国的经济学的数学化．经济研究资料，（6）：1－10．

［20］秦朵．（1987）．当今经济计量学中的方法论革命．经济研究，（11）：77－80．

［21］史树中．（1998）．诺贝尔经济学奖与数学．数学学习，（5）：4－6．

［22］吴建国．（2009）．从诺贝尔奖看数学思维与方法对经济学的作用．统计与决策，（7）：166－167．

［23］George J. Stigler, Stephen M. Stigler, Claire Friedland.（1995）. The journals of economics. Journal of Political Economy，103（2）：331－359.

［24］［英］马克·布劳格，罗杰·E. 巴克豪斯．（2000）．经济学方法论的新趋势（张大宝译）．北京：经济科学出版社．

［25］［美］阿尔弗雷德·S. 艾克纳．（1990）．经济学为什么还不是一门科学（苏通等译）．北京：北京大学出版社：4.

［26］［美］迈克尔·曾伯格．（2001）．经济学大师的人生哲学（侯玲译）．北京：商务印书馆：46.

［27］［英］霍奇逊．（2007）．演化与制度：论演化经济学和经济学的演化（任荣华译）．北京：中国人民大学出版社．

［28］胡乐明．（2004）．博弈论对正统经济学思维方式的冲击．经济学家，（4）：29－35.

［29］贾根良．（2003）．中国经济学发展的西方主流化遭遇重大质疑．南开经济研究，（2）：3－12.

［30］张五常．（2010）．科学说需求．北京：中信出版社：62.

（①原文刊发于《经济研究参考》2013 年第 60 期。②参考引用：王玉霞，罗晰文．（2013）．经济学数学化的发展综述——一个方法论视角．经济研究参考，（60）：32－38.）

反思经济学的数学化

杨　民

在经济研究中，"数学化"有很大的优点，也很有必要，但应该有个度；从根本上说，复杂且不稳定的社会规律（因果关系）很难甚至不可能用方程精确地表示出来；从技术上看，"数学化"（特别是"计量化"）也存在难以克服的局限性；片面"数学化"的原因既是机械世界观和科学主义的结果，又是学术路径依赖的结果；国内经济学"数学化"产生的问题较多，包括随意变量替代、随意建模、随意解释因果关系等。

一、 经济学与数学

数学在经济学中的运用可以追溯到 17 世纪英国的威廉·配第（William Petty），但系统地利用数学方法来研究经济问题则是从数理学派开始的（19 世纪 30 年代），而边际学派又进一步把数理分析发扬光大（19 世纪 70 年代）。20 世纪 50 年代以后数理分析之风大盛，一般均衡理论、增长理论和计量经济学的繁荣把经济学的公理化、数学化、模型化发挥得淋漓尽致。几十年来愈演愈烈，是否采用数学模型逐渐成为一篇经济学论文有没有水平、能不能发表的重要依据，

"数学化"① 也成为"主流"经济学的标志。新制度经济学直到20世纪90年代才在"主流"里开辟了一小块不用数学的领地，但从文献数量来说，"数学化"的论文还是占绝对优势。现在国外的大多数经济学论文都是满篇的公式、模型。

对经济论文的全面"数学化"，一些经济学大师，包括弗里德曼、科斯、阿尔钦、张五常等，是不以为然的。马歇尔的数学很好，但他并不赞成用太多的数学，《经济学原理》一书中数学公式和图表大多放在附注和附录里。投入/产出法倡导者里昂惕夫1982年在《科学》杂志上发表"学院派经济学"一文也对经济学数学化提出了尖锐的批评："专业经济学杂志中数学公式连篇累牍，把读者从一套又一套多少似乎合理却完全任意的假定，引向阐述精确而与实际毫不相干的理论结论。……经济计量学家则把大体上相同的一套又一套的数据和具有一切可能形式的代数函数相拟合，却未能以任何明显方式推进对现实经济制度的结构和运行系统的了解。"该文当时引起了强烈的反响，据统计，在60篇评论文章中，除2篇表示反对之外，都是支持这种批评的。2000年由法国学生发起的"经济学改革国际运动"②，矛头直指"主流"经济学的"数学化"倾向（贾根良，2004）。

客观地说，"数学化"有一个很大的优点，就是能够准确地表达思想，可以消除歧义，便于理论的继承和发展，正如田国强（2005）所说，科斯的《社会成本问题》没有用数学，因此产生了不同的理解。但归根结底数学是工具，是形式逻辑，是表达思想的手段，不是思想本身，不管是正确的还是错误的思想都可以"数学化"，比如有一篇文章用数学公式推导出教育的投资率越高，经济增长率越高的结论，因为他假定国民生产总值 $Y = AK^{\alpha}L^{\beta}S^{\gamma}$，K是投资，L是劳动，S是教育

---

① 数学化是指论文的公式化、模型化、计量化，采用数据、图表的论文不在此类。

② "post – autistic economics"，直译为"后我向经济学"。Autistic，即我向思考的，有孤独的、离群索居的意思，"我向经济学"就是"闭门造车"的经济学，"post – autistic economics movement"可通俗地直译为"反闭门造车经济学运动"。

投资，在这个模型下必然可推导出教育投资率越高经济增长率越高的结论，但经济增长显然没有这么简单——否则制度经济学就完全没有必要，经济学也在很大程度上变得多余。

实际上，社会规律不同于自然规律，自然规律的因果关系是稳定的，因此从理论上说是可以用方程精确地表示出来。而社会规律则是不稳定的。缪尔达尔指出，研究社会科学的人永远得不到常数和普遍适用的自然法则，对社会领域的事实与事实之间关系的研究要比物质的宇宙间的事实与事实的关系要复杂得多，而且变化多端，流动性也大。归根结底，社会科学研究的是人的行为，而人的行为不像天体或粒子的运动那样"客观"，人的行为取决于人的生活环境、组织结构所构成的错综复杂的复合因素，取决于人们在互动的过程中形成的态度（刘剑雄，2005）。给定一块土地的土壤、种子、化肥、气候等条件，就可以有把握地得出它可以生产多少粮食；给定恒星和行星的质量、速度等初始条件，就可以确定行星的运动轨迹。而给定人、原材料等条件，我们能够有把握一定生产多少产品吗？不能，也许某个人的情绪不佳产量就下降了。对于思维和行为的规律，科学家还远远没有弄清楚。最近脑科学和认知科学的发展使我们对人的思维和行为有了一定的了解（汪丁丁，2003），但这仅仅是开始，离掌握其规律还很遥远。如果考虑到人群，那就更复杂了。超级复杂性带来不确定性，"大西洋上一只蝴蝶扇动翅膀，引起了太平洋上的一场风暴"，对社会运动来说是千真万确的。一个计算机小故障不就导致了1987年纽约股市的"黑色星期一"吗？

因此从根本上说，复杂且不稳定的社会规律（因果关系）很难甚至不可能用方程精确地表示出来，正如王佳宁（2005）所说，"谁也不可能将实际经济生活中的所有因素一一表示为数学模型中的不同变量"。

二、 数学化在技术上的困难

首先，计量最根本的问题是，正如余国杰（2004）所说，A→B 并不等价于 B→A，A 可以→B，C 也可能→B。B 得到验证只能说这一次没有"证伪" A，而不等于"证实"了 A。甚至 B 为假也未必能"证伪" A，因为可能是背景知识有误，比如根据万有引力定律计算的天王星轨道和实际观测不符，后来发现是因为天王星旁边有一个当时还不知道的行星——海王星，而不是因为万有引力定律的错误。因此，一方面，因果关系可以推出相关性，但相关性不一定能证明因果关系，例如，计量研究发现英格兰和威尔士 1866～1911 年人口死亡率和英格兰婚礼中到教堂举行仪式的比例之间有强烈的正相关关系（相关系数 0.95）（G. Udny Yule，1926），美国名义收入的对数与积累的太阳黑子的对数的相关系数也达到 0.91（Charles I. Plosser & G. William Schwert，1978），英国通货膨胀率与年累计降雨量也有很强的正相关关系（David F. Hendry，1980），这类相关被称为"谬误相关"；另一方面，没有相关关系也未必不存在因果关系，如 1998～2002 年我国货币供给保持稳定增长，但物价却表现为通货紧缩，难道据此可以否定货币供应和通货膨胀之间的那种因果关系？

其次，自相关、共线性、内生性都是经济中的常见现象，计量经济学虽然有一些处理方法，但难以彻底解决。经济中的很多变量都既是结果又是原因，A→B→C→A→B…，在 A、B、C 中，我们应当把谁当作解释变量把谁当成被解释变量呢？

再次，模型，特别是增长模型，并不具有必然性。以产出（Y）、资本（K）和劳动（L）的关系为例，$Y = F(K, L)$，该函数要求满足条件：对所有的 $K > 0$，$L > 0$，$\partial F/\partial K > 0$，$\partial^2 F/\partial^2 K < 0$，$\partial F/\partial L > 0$，$\partial^2 F/\partial^2 L < 0$。满足这个条件的模型应该是很多的，但一般都是采用柯布–道格拉斯函数形式（$Y = AK^{\alpha}L^{\beta}S^{\gamma}$），原因是两边求对数后可以使

经济增长率分解为投资增长率和劳动增长率之和，但谁能肯定 Y 和 K、L 的关系里面不包含其他关系（如临界点跳跃关系）呢？但很少有人认真地考虑过其他可能的形式，绝大多数经济学家都是毫不犹豫地采用乘积模型，取对数，然后宣布投资、劳动等对经济增长的贡献是多少。更有甚者，人们习惯了这种模式以后，就跳过原函数推导，直接把变化率用加和模型处理，从而把有的原函数明明是相加的关系也处理成了相乘的关系。

最后，制度、文化等各种非经济因素是很难甚至是不可能量化的，对经济的影响就更难量化。法治、文化和投资、劳动是什么函数关系？怎么可能用方程精确地表示出来？

因此，不论是从逻辑上还是从技术上，经济研究都不应该片面数学化。当然，笔者不是一味反对"数学化"——"数学化"把经济学大大地朝前推进了，而是说它们在社会规律研究中有难以克服的局限性，应该有一个度。笔者反对"只见数学，不见经济学，只见模型，不见思想"。

经济研究片面追求数学化的原因，从哲学角度说，是机械世界观和科学主义导致的。近代英国哲学家霍布斯在《利维坦》中的观点可看作机械世界观的代表：物质世界是各种机械的集合，一个活生生的人也不过是一架机器，心脏不过是发条，关节不过是齿轮，甚至连欲望、愤怒、爱情，也是纯粹机械原因引起的。机械世界观的另一表现是机械决定论，如霍尔巴赫认为，一切都是必然的，没有偶然性。[①] 而科学主义，根据《韦伯斯特百科词典》的解释，是"指一种信念，认为物理科学与生物科学的假设、研究方法等对于包括人文与社会科学在内的所有其他学科同样适用并且必不可少"[②]。片面"数学化"正是用物理学的方式来处理经济学，用自然科学的标准来作为"科学"的标准。

从现实角度说，正如"经济学改革国际运动"所指出的，是"主

----

① 北京大学哲学系外国史教研室．（1963）．十八世纪法国哲学．北京：商务印书馆．
② http://www.oursci.org/ency/phil/046.htm.

流"掌握了学术话语权的结果——在欧美，尤其是美国大学接受主流经济学训练的经济学家逐渐占据了各学术刊物的核心位置，从而形成了一种强大的路径依赖。

三、 国内存在的问题

虽然国内"数学化"的经济学论文占的比例还较低，但近几年在顶尖期刊中的比例在急剧增加，以《中国社会科学》和《经济研究》为例，1994 年和 2004 年经济学论文中数学化的论文情况如表 1 所示；一般刊物上"数学化"的论文的数量也有增加的趋势。

表 1 1994 年、2004 年《中国社会科学》和《经济研究》
中"数学化"（经济）论文比例

年份	《中国社会科学》			《经济研究》		
	"数学化"（篇）	总数（篇）	百分比（%）	"数学化"（篇）	总数（篇）	百分比（%）
1994	1	25	4	17	19	11
2004	12	20	60	126	156	80

注：《中国社会科学》只统计经济类文章，以年终总目录为准，《经济研究》包括论文、书评。数学化的论文选择标准有一定的主观性，笔者的标准是：采用计量检验的都算，形式化所占篇幅比例较多的算，较少的不算，如《以劳动价值论为基础的生产函数》［吴易风，王健.（1994）. 中国社会科学，（1）］算，《行为经济人有限理性的实现程度》［何大安.（2004）. 中国社会科学，（4）］则不算。用数据、图表论证的不算。

资料来源：根据笔者统计整理。

相比较而言，国内经济学在"数学化"过程中产生的问题较多。有一篇"如何写实证论文"① 的文章，该文所指出的做实证研究要避免的问题在国内的数学化论文中几乎都可以找到。

（一） 变量替代的随意性

研究者要对所选用之替代变量的合理性详加说明。由于资料总有

---

① 如何写第一篇实证研究论文 ［EB/OL］. http：//www. cwjy. net/Article/ShowArti-cle. asp？ ArticleID = 1219.

些缺失，常有人在束手无策之下，采用了很多匪夷所思的替代变量。

如某篇文章想计量地方保护贸易壁垒和经济发展的关系，就用地方企业所得税占财政收入的比重来度量贸易壁垒的程度，理由是税收越多采取贸易保护的可能性越大。真是这样吗？比如江、浙、粤的比重大，但他们却是最反对地方保护的，原因很简单，相互贸易保护他们吃的亏大；某篇文章想计量企业内的"权威"（企业管理层的组织指挥权）和经济绩效的关系，就用大股东所占股份的比例作为"权威"的指标。大股东股份比例越大管理层的"权威"就越大吗？西方股份制企业的情况说明，股份越分散，分散到没有大股东，管理层的地位越稳固，"权威"越大；再如某篇论文为了计量地方经济发展和该地法治程度之间的关系，就用地方法院的经济案件的结案率来代表该地的法治水平——了解国情的人都知道，结案率和公平执法（法治）未必是等价关系。

（二）确定因果关系及建模的随意性

解释变量和应变量之间的因果关系一定要正确。解释变量是原因在先，应变量是结果因而在后。尤其要注意，有些变量数值的产生很可能是和应变量同时决定的，或是因果关系不很明确，则在选取这些变量作为解释变量时，更要非常小心。解释变量的内生问题常常是其被批评的主要原因。

因果关系要靠经济理论或生活常识去判断，但有的论文用相关性来证明因果关系。如某篇论文用中国 MBA 的发展和经济的发展的相关性来"证明"MBA 对中国经济的推动作用。MBA 的发展到底是经济发展的原因还是结果？一般人恐怕都认为更是结果。

（三）数据的严密性要进一步加强

对资料的精确性一定要严格查核，对错、假、漏资料要仔细修正；对资料的种类、性质、来源出处、资料修订的方式、资料中可能有的错误和缺失，都要有详细的说明，最好能将资料的基本统计量表列出来。

国内的数学化论文对此注意较少。国内的论文数据来源一般有两种：统计年鉴和问卷调查。统计年鉴的数据不谈。问卷调查，尤其是那种非面对面的问卷调查，人们能够费多少心思去答，其可信度有多高只有天知道。笔者做过很多调查，对此深有体会。有时要经过三轮核实才能比较准确。但我们很少看到国内论文对数据的修正和对准确性的讨论，甚至有的故意不说明非直接数据的处理方法，为的是掩盖处理中的问题。

（四）不够小心谨慎

做计量一定要小心谨慎，如要探讨解释变量不足、观察值有误差等资料缺失所可能造成的计量问题。若能在文献中找到类似模型的估计结果，则应择要报告，并做比较；绝不能对不显著的估计值做出过度的解释，尤其不能宣称不显著的估计值支持或不支持某些特定结论。应比较三至五篇有实证分析的文献中的实证计量模型。

然而国内的有些数学化论文则"大胆"得多，全没有这些考虑。结果，什么结论都敢下，比如某篇论文用计量的结果"证明"产权是不重要的等。

总之，问题较多。原因可能在于："数学化"引进的时间不长；人们和国际接轨的心情比较急迫。当然这些终归是前进中的问题，此文的目的并不是要否定国内经济研究数学化的成就，而是想让我们对数学化本身及国内存在的问题有一个清醒的认识。国内也有一些"数学化"很娴熟的学者是很严谨的，数据取舍、模型检验都比较严密，有意思的是，他们的文章倒不是一味"数学化"了。

当然，纯粹的文字性论文也有局限性。虽然，思想用文字就可以说清楚，但问题是，重要的思想总是少数，文字性论文多数还是以解释阐发为主。经济者，经世济民也，经济学若真想要理解和改造现实，就要大兴调查研究之风，用事实说话，用数据说话，既不要空泛议论，也不要片面"数学化"。

作者简介：

杨民，华中科技大学经济学院。

参考文献

[1] Charles I. Plosser, G. William Schwert. (1978). Money, income, and sunspots: Measuring economic relationships and the effects of differencing. Journal of Monetary Economics, 4 (4): 637 – 660.

[2] David F. Hendry. (1980). Econometrics – Alchemy or science? Economic, 47: 387 – 406.

[3] G. Udny Yule. (1926). Why do we sometimes get nonesense correlation between time series? Journal of the Royal Statistical Society, 89: 1 – 69.

[4] 北京大学哲学系外国史教研室. (1963). 十八世纪法国哲学. 北京: 商务印书馆.

[5] 何大安. (2004). 行为经济人有限理性的实现程度. 中国社会科学, (4): 91 – 101.

[6] [法] 霍尔巴赫. (1964). 自然体系. 北京: 商务印书馆.

[7] 贾根良. (2004). 演化经济学——经济学革命的策源地. 太原: 山西人民出版社: 147 – 160.

[8] 刘剑雄. (2005). 经济理论中的价值判断——弗里德曼与缪尔达尔之观点比较. 经济学消息报, 04 – 29.

[9] 钱颖一. (2003). 现代经济学在美国. 财经问题研究, (1): 3 – 11.

[10] 田国强. (2005). 现代经济学的基本分析框架与研究方法. 经济研究, (2): 113 – 124.

[11] 汪丁丁. (2003). 行为、意义与经济学. 经济研究, (9): 14 – 20.

[12] 王佳宁. (2005). 转型中国如何创新经济学. 改革, (4): 1.

[13] 吴易风, 王健. (1994). 论以劳动价值论为基础的生产函

数．中国社会科学，（1）：57－71．

　［14］余国杰．（2004）．析实证经济研究的逻辑．数量经济技术经济研究，（3）：157－160．

　（①原文刊发于《经济学家》2005 年第 5 期。②参考引用：杨民．（2005）．反思经济学的数学化．经济学家，（5）：24－28．）